Développement durable : de quoi on parle ?

Didier Pereira

Développement durable : de quoi on parle ?

Publibook

Retrouvez notre catalogue sur le site des Éditions Publibook :

http://www.publibook.com

Éditions Publibook
14, rue des Volontaires
75015 PARIS – France
Tél. : +33 (0)1 53 69 65 55

IDDN.FR.010.0112426.000.R.P.2008.030.40000

Cet ouvrage a fait l'objet d'une première publication aux Éditions Publibook en 2009

Sommaire

Le développement durable

Définition

« Un mode de développement qui répond aux besoins du présent sans compromettre la capacité des générations futures à répondre aux leurs »

Commission Brundtland (1987)

Finalités

- la lutte contre le changement climatique et protection de l'atmosphère,
- la préservation de la biodiversité, protection des milieux et des ressources,
- la cohésion sociale et solidarité entre territoires et entre générations,
- l'épanouissement de tous les êtres humains,
- la dynamique de développement suivant des modes de production et de consommation responsables.

Champ d'action

Le champ d'action du développement durable s'exerce dans trois grands domaines :

- l'équité sociale,
- la protection de l'environnement,
- le développement économique.

En résumé

Le développement durable est une alternative de développement, un nouveau « contrat social » à l'échelle planétaire. Il s'agit d'agir en citoyen responsable afin d'améliorer le monde dans lequel nous vivons et assurer ainsi l'avenir des prochaines générations.

Les dates clés du développement durable

1968 Création du Club de Rome, association internationale d'économistes et de scientifiques dont l'objectif est de réfléchir aux problèmes planétaires globaux.

1971 Le Club de Rome dénonce dans son rapport appelé "The limit to growth", le danger que représente une croissance économique et démographique exponentielle du point de vue de l'épuisement des ressources, de la pollution et de la surexploitation des systèmes naturels.

1972 Le premier sommet de la Terre de Stockholm en Suède souligne que l'environnement et le développement ne pouvaient être dissociés et qu'il faut y intégrer l'équité sociale et la prudence écologique. Cette conférence aboutit à la création du Programme des Nations Unies pour l'Environnement (PNUE).

1973 Premier choc pétrolier.

1987 Le rapport de la commission Brundtland, « Notre avenir à tous », définit le concept de développement durable (Sustainable Development). Il place les femmes et les hommes au centre de ce développement.

1992 Le deuxième Sommet de la Terre à Rio de Janeiro au Brésil adopte 27 principes et 2.500 recommandations (Agenda 21). Il est marqué par le lancement d'un programme mondial de lutte contre le réchauffement climatique.

1997 Signature du Protocole de Kyoto qui vise à lutter contre les changements climatiques en imposant des réductions d'émissions de 6 gaz à effet de serre.

2002 Le troisième Sommet de la Terre de Johannesburg en Afrique du Sud souligne l'urgence d'actions contre le réchauffement climatique. Il a adopté un plan d'actions en 153 articles.

2005 Entrée en vigueur du protocole de Kyoto.

2012 Fin du Protocole de Kyoto – Prochain Sommet de la Terre.

Lexique

Abeilles

Les abeilles disparaissent partout dans le monde et on ne connaît pas véritablement la ou les raisons de cette disparition même si on soupçonne fortement les pesticides. Les OGM*[1] sont également suspectés ainsi que le parasite acarien Varroa, d'origine sud asiatique et les champignons dont le Nosema cerenae. Pour des chercheurs allemands, les ondes électromagnétiques désorientent tellement les abeilles qu'elles ne peuvent plus rejoindre leur ruche.

Les abeilles sont à l'origine de 80 % de la pollinisation des plantes et des fleurs. Leur disparition entraînerait la fin de nombreuses espèces végétales et notamment celles qui produisent les fruits et légumes que nous consommons.

On prête à Albert Einstein la citation suivante : « *Si les abeilles venaient à disparaître, l'homme n'aurait plus que quelques années à vivre* ».

Accès à l'éducation

L'accès à l'éducation, indispensable à la lutte contre la pauvreté, est la condition sine qua non pour assurer un développement humain durable. Aujourd'hui, dans le monde, un enfant sur cinq n'a pas accès à l'éducation primaire. Par ailleurs, 20 % de la population de plus de 15 ans est analphabète et 2/3 de ces analphabètes sont des

[1] Tous les mots suivis d'un astérisque sont expliqués dans l'ouvrage

femmes, ce qui a des répercussions sur l'éducation des enfants. Dans les pays riches, 1 % de la population totale est analphabète.

Accessibilité

L'accessibilité désigne la possibilité d'accès pour tous. On parle d'accessibilité liée à la mobilité (handicapés), l'accessibilité en matière de transport, l'accessibilité aux Nouvelles Technologie de l'Information et de la Communication (NTIC), l'accessibilité à l'eau, etc.

Achat public

En France, la commande publique (émanant de l'Etat, des collectivités et des établissements publics) représente 15 % du PIB*. Le cadre légal de l'achat public est le Code des Marchés Publics.

Depuis 2006, ce code renforce la possibilité de prendre en compte la protection de l'environnement ainsi que le progrès social. C'est une évolution importante qui met en œuvre l'article 6 de la Charte de l'environnement* adoptée en 2005.

Les objectifs de développement durable sont des éléments à prendre en compte :

- Dans la détermination des besoins à satisfaire (art. 5) : « *La nature et l'étendue des besoins à satisfaire sont déterminées avec précision avant tout appel à la concurrence ou toute négociation non précédée d'un appel à la concurrence en prenant en compte des objectifs de développement durable* ».

- Dans les clauses sociales et environnementales (art 14) : *« Les conditions d'exécution d'un marché ou d'un accord-cadre peuvent comporter des éléments à caractère social ou environnemental qui prennent en compte les objectifs de développement durable en conciliant développement économique, protection et mise en valeur de l'environnement et progrès social ».*

Et dans les articles 15, 40, 50 et 53. Avec ce code, l'organisme qui passe le marché (on l'appelle le pouvoir adjudicateur) doit se poser la question de savoir s'il peut intégrer dans le cahier des charges des exigences en matière de développement durable.

Additifs alimentaires

Les additifs alimentaires sont des produits qui sont ajoutés aux aliments avec pour objectif d'en améliorer la couleur, le goût ou la conservation. Chaque additif est désigné par un code. Le E indique l'Europe.

En Europe, les additifs alimentaires sont regroupés en plus de 20 familles et parmi elles on peut citer :

- Les colorants : ils jouent sur la couleur des aliments,
- Les conservateurs : ils prolongent la vie des aliments en empêchant le développement des microbes,
- Les antioxydants ou antioxygènes : ils empêchent l'oxygène d'agir et ralentissent donc l'oxydation des aliments,
- Les épaississants et les gélifiants : ils augmentent la viscosité des aliments,

- Les stabilisants : ils maintiennent l'aliment en l'état,
- Les édulcorants : ils ont un pouvoir sucrant.

Des chercheurs supposent que certains additifs ont des effets indésirables voire même pour certains entraîner des maladies : asthme pour le jaune 2G (E107), la cochenille (E120), l'acide sorbique (E200), le gallate de propyle (E310) et la gélatine (E441), tumeurs au cerveau pour l'aspartam (E951), cancers pour la saccharine (E954), l'amarante (E123) et le nitrate de potassium (E252), la maladie d'Alzheimer pour les glutamates (E620 à E625), gastro-entérite pour l'acide tartrique à forte dose (E334)...

Le droit européen subordonne l'utilisation des additifs alimentaires à autorisation.

AFNOR

L'**A**ssociation **F**rançaise de **Nor**malisation, reconnue d'utilité publique, crée des référentiels demandés par les acteurs économiques pour améliorer leur développement. C'est également un organisme certificateur (systèmes de management, produits, services...).

Agence Internationale de l'Énergie

L'Agence internationale de l'énergie (AIE) a été créée en 1974 à la suite du premier choc pétrolier. Cet organisme international donne des conseils de politique énergétique au nombreux pays membres qui y ont adhéré dont les Etats-Unis, la Corée du Sud, la France, la Suède et le Japon. Il œuvre notamment en matière de sécurité énergétique et de protection de l'environnement. De nombreux experts y travaillent. Son siège social est à Paris.

Agenda 21

Au second sommet de la Terre de Rio* au Brésil en 1992, les participants ont adopté un programme d'actions mondial pour le XXIe siècle appelé Action 21 mais traduit ensuite en Agenda 21. Ce programme est un guide qui a pour objectif de mettre concrètement en œuvre le développement durable.

Agenda 21 locaux

Les Agendas 21 locaux ont été encouragés par l'article 6 de l'Agenda 21* de Rio. Cet article précise que « *Les politiques publiques doivent promouvoir un développement durable. À cet effet, elles concilient la protection et la mise en valeur de l'environnement, du développement économique et du progrès social* ».

Les Agendas 21 locaux sont des programmes d'actions urbains qui sont mis en œuvre dans un territoire donné. En France, c'est par exemple dans une commune, un département ou une région. L'objectif est d'inscrire le projet politique dans le développement durable.

Agriculture Biologique

Ce type d'agriculture utilise des méthodes écologiques qui excluent tout recours aux engrais chimiques, pesticides* ainsi qu'aux Organismes Génétiquement Modifiés (OGM*). Cette culture se fait en respectant la nature. Elle favorise donc la biodiversité*.

L'agriculture Biologique est soumise à une réglementation européenne complétée par des dispositions nationales. Le label vert AB (Agriculture Biologique), label de qualité français, certifie qu'un produit alimentaire d'origine agricole ou d'élevage a été élaboré selon les règles de l'Agriculture Biologique. Il faut au moins 95 % d'ingrédients biologiques pour l'obtenir.

Agriculture raisonnée

Cette agriculture, qui intéresse de plus en plus la grande distribution, a pour objectif de réduire les impacts négatifs des pratiques agricoles sur l'environnement. Elle est défendue en France par le réseau **FARRE** (**F**orum de l'**A**griculture **R**aisonnée **R**espectueuses de l'**E**nvironnement). Elle ne concerne actuellement que 10 à 15 % des exploitants français.

Agrocarburants

Les agrocarburants (ou biocarburants) sont des carburants obtenus à partir de matières organiques végétales susceptibles de remplacer les carburants pétroliers. Les agrocarburants favorisent la déforestation et leur production entraîne une augmentation du prix des matières premières alimentaires.

L'Union européenne a fixé en mars 2007 la part des agrocarburants sur le marché des carburants d'ici 2020 à 10 %. En France, moins de 1 million d'hectares sont consacrés aux agrocarburants.

Alain Bougrain-Dubourg

Ardent défenseur de la cause animal depuis son enfance, Alain Bougrain-Dubourg est président de la Ligue de la Protection des Oiseaux (LPO), association reconnue d'utilité publique. Producteur et présentateur à la télévision de plusieurs émissions animalières, il est notamment l'auteur de livres dont « L'agonie des bébés phoques » et « La nature, une passion ».

Alicament

Ce terme marketing vient de la contraction des mots **ALI**MENT et MEDI**CAMENT.** Ce mot a été créé afin de valoriser et de vendre certains produits qui, sans être des médicaments, sont supposés avoir un effet bénéfique sur la santé.

Al Gore

Homme politique américain, candidat malheureux du parti démocrate lors de l'élection présidentielle américaine de 2000 gagnée par le républicain George W. Bush. Il a obtenu le prix Nobel de la Paix en 2007 pour son engagement dans la lutte contre le réchauffement climatique. Il tient le premier rôle dans le film de Davis Guggenheim « Une vérité qui dérange » (2006).

Altermondialisme

C'est un mouvement de contestation né à la fin des années 1990 et très hétérogène. Il regroupe des syndicats, des ONG*, des politiques et s'est notamment affirmé à travers les forums sociaux (porto Alegre). Il souhaite élaborer des propositions pour un monde plus juste. Ses domaines d'intervention sont très divers : la justice, la paix, l'éducation, les médias, la démocratie, les transactions boursières… Ce mouvement est peu structuré.

Amalgames dentaires

La quantité de mercure présente dans la bouche des Français est de 100 tonnes Dans chaque plombage, on trouve environ 1g de mercure. Le coût réel moyen d'une prothèse dentaire fabriquée en France s'élève pour un chirurgien-dentiste à 125 €. Importée, elle lui revient à 50 € !!! Une directive européenne recommande la transparence des prix et le lieu de fabrication des prothèses (directive qui n'a pas été suivie d'effets en France…).

Amazonie

La forêt amazonienne s'étend sur 4 millions de km². Elle abrite 30 000 espèces de plantes, 3.000 espèces de poissons et 1.000 espèces d'oiseaux. Le nombre de personnes qui vivent dans la forêt amazonienne est de 20 millions.

L'Amazonie constitue le plus important réservoir de diversité biologique de la planète. Ces quarante dernières années, 700.000 km² de forêt amazonienne ont été détruits.

Aménagement du territoire

Ce terme désigne le fait pour une collectivité donnée d'intervenir sur un territoire spécifique. L'objectif de cette intervention est de développer économiquement le territoire concerné. À cet effet, la collectivité y intervient dans de nombreux domaines : les transports, le logement, l'implantation des entreprises, le sport…

Amiante

Ce minéral cause chaque année dans le monde plus de 90 000 morts et reste encore présent dans de nombreux bâtiments et machines. L'amiante provoque notamment le cancer de l'appareil bronco-pulmonaire.

En France, l'amiante a été la cause de plus de 35 000 décès depuis le milieu des années soixante. L'Europe a interdit ce matériau dans tous les États membres en 1999. L'usage de l'amiante a été interdit en France le 1er janvier

1997. Le cancer de l'amiante est reconnu en France comme maladie professionnelle.

Antarctique

L'Antarctique est un continent situé au Pôle Sud et entouré par l'océan Austral. Sa superficie est de 14 millions de km². La couche de glace y atteint 2.000 mètres d'épaisseur mais cette glace fond à cause du réchauffement climatique*.

Depuis 1940, on y a noté une augmentation de la température de 2,5 degrés. L'Antarctique abrite les 3/4 des réserves mondiales d'eau douce. C'est la région la plus froide du globe.

Antennes relais

Il y a en France 37 000 antennes relais de téléphonie mobile. En matière de normes d'exposition, la norme française est l'une des plus élevée d'Europe (41 volts/mètres pour les émissions en 900 MHz et à 58 volts/mètres pour celles qui sont émises en 1800 MHz) alors que les scientifiques les plus prudents par rapport aux ondes électromagnétiques préconisent de ne pas dépasser 0,6 volts/mètres. Une diminution des normes est souhaitable.

Les sociétés d'assurances françaises, comme leurs homologues européennes, ont décidé de ne pas couvrir les dommages résultant de la production de champs électriques ou magnétiques…

Pour la première fois en France, un Tribunal de Grande Instance, celui de Nanterre, a ordonné le 18 septembre 2008 le démontage d'une antenne relais de téléphonie mobile au nom du principe de précaution, estimant qu'il y avait un risque potentiel sur la santé des riverains.

Arctique

Le continent Arctique est situé au Pôle Nord. Sa superficie est de 21 millions de km² (dont 7,5 millions sont des terres). De nombreux animaux, dont les ours polaires et les phoques, pourraient y disparaître dans les vingt prochaines années en raison du réchauffement climatique*.

Il n'y aura en effet plus de glace en Arctique dans 50 ans. Reste que sous la glace se cache du pétrole et du gaz, peut-être le quart des réserves mondiales. On parle aussi de diamant.

Le 2 août 2007, les Russes, sachant que les frontières n'étaient pas clairement établies, ont « annexé » une partie du territoire en plantant leur drapeau au fond de l'océan. Cette région fera l'objet de toutes les convoitises dans l'avenir.

Par ailleurs, il faut préciser que le rétrécissement de la banquise ouvrira à la navigation les eaux arctiques, réduisant ainsi la route entre les Etats-Unis et la Chine de 8 000 km.

Pour Jean-louis ÉTIENNE*, *« Si l'on affaiblit l'Arctique, on remet en cause l'équilibre entre la chaleur des tropiques et le froid des pôles. Dans ce cas, toute la machine climatique se dérègle et il faut s'attendre à davantage de chaos. Les conséquences sont déjà connues : il y aura davantage de cyclones, de tempêtes, d'inondations. »*[2]

Aspartam

Découvert accidentellement en 1965, l'aspartame (E951) est un édulcorant de synthèse utilisé dans le monde par des millions de femmes et d'hommes en surpoids pour remplacer le sucre. Il « allège » en sucre plus de 6.000 produits le monde. En France sa mise sur le marché date de 1981.

Cet additif alimentaire*, fabriqué par Monsanto*, est composé de 3 produits chimiques : l'acide aspartique, la phénylalanine et le méthanol. Outre-atlantique, il est suspecté de provoquer des pertes de mémoire, des crises de paranoïa voire des cancers du cerveau. On y parle de plus en plus de la « maladie de l'aspartame » (vertiges, nausées, maux de tête, crampes, insomnies…).

---

[2] Le Parisien du mercredi 17 septembre 2008.

Asphyxie des eaux côtières[3]

Elle est de plus en plus importante ; 405 sites à travers le monde sont à ce jour concernés. C'est l'activité humaine qui en est responsable. Les eaux côtières sont en effet privées d'oxygène à cause de l'augmentation de l'utilisation des engrais par l'agriculture et par les rejets d'eaux usées* chargées de matières organiques.

Par un phénomène d'eutrophisation*, les organismes qui peuplent les fonds marins meurent en raison du manque d'oxygène. Certaines zones sont particulièrement touchées : la mer Noire, les fjords scandinaves... En France, une vingtaine de zones sont concernées comme par exemple les étangs de Berre.

Atoll

Un atoll est un récif corallien circulaire situé dans les océans tropicaux et qui enferme un lagon (lac). Un exemple : l'atoll de Clipperton, possession française inhabitée de 7 km² appelée également l'île de la passion, et qui comporte un lagon fermé dont l'écosystème* est entrain de mourir. Cet atoll est situé en plein océan Pacifique à 12.000 km de la France.

Banque de graines

Sachant que l'extinction de plantes représente une perte irréversible qui va à l'encontre d'un mieux être de l'humanité, il a été décidé de stocker les graines des plantes les plus vulnérables dans un lieu spécifique afin de préserver la biodiversité pour les générations futures. C'est ainsi qu'une « Arche de Noé verte » est née au Svalbard

---

[3] D'après Le Monde n°19769 des Dimanche 17 et Lundi 18 Août 2008

en Norvège, un archipel de l'Arctique situé à 1,000 km du pôle Nord.

Banque mondiale

Créée en 1945, la Banque Mondiale aide les pays en développement au travers d'une aide financière. Elle est représentée par deux institutions : la banque internationale pour la reconstruction et le développement (BIRD) et l'Association internationale de développement (IDA) dont l'objectif est de réduire la pauvreté et d'améliorer le niveau de vie des populations dans le monde.

Banquise

Les glaces arctiques* fondent sous l'effet du réchauffement climatique*. Au cours de ces trente dernières années, près d'un million de km² de banquise arctique ont fondu. L'arctique n'aura bientôt plus de glace en été. L'épaisseur de la glace était de 3 m en 1970. Elle dépasse aujourd'hui rarement 1,50 m.

Le GIEC (Groupe d'Experts Intergouvernemental sur l'Évolution du Climat) a établi à 3 % par an le rythme moyen de fonte des glaces de la région. Quant à la banquise antarctique, il faut signaler qu'en 2008, un pan de glace équivalent à 4 fois la superficie de la ville de Paris s'est effondré.

Bhopal

Dans la nuit du 2 au 3 décembre 1984, 40 tonnes de gaz toxique se sont échappées de l'usine de pesticides américaine Union Carbide à Bhopal en Inde. Le bilan est catastrophique : 3000 morts (dont de nombreuses personnes durant leur sommeil) et l'on estime que 16 000 à

30 000 personnes sont mortes depuis l'accident. À ce jour, l'entreprise n'a pas encore reconnu ses torts et le site n'est toujours pas dépollué.

Bien manger

Bien manger n'est pas évident. En effet, entre les conservateurs, les colorants, édulcorants et autres émulsifiants, il existe, selon certains nutritionnistes, « des risques non maîtrisés sur la santé ».

À titre indicatif, je vous détaille quelques ingrédients contenus dans un Mini-Cake acheté au hasard dans une grande surface :

- Sirop de glucose-fructose de blé ou maïs : on trouve ce sirop bon marché dans beaucoup d'aliments et dans les sodas. Sa particularité est que l'on peut en consommer de grandes quantités sans jamais avoir de sensation d'écœurement. Il est incriminé dans l'obésité car il favorise la formation de graisse.
- Colorant rouge Allura AC (E129) : ce colorant alimentaire est un produit de synthèse que l'on retrouve dans les gâteaux et les bonbons. Il est soupçonné d'être allergisant. Interdit dans certains pays (Allemagne, Suisse…).
- Erythrosine (E127) : colorant alimentaire rouge pouvant être allergisant, favoriser l'asthme et l'hyperactivité. Il est notamment contenu dans de nombreux médicaments comme par exemple l'Amoxicilline (antibiotique).
- Anhydride sulfureux (dioxyde de soufre*) : utilisé comme antiseptique, ce composé chimique est toxique à forte dose.

- Diphosphate disodique (E450i) : c'est un émulsifiants et correcteur d'acidité de synthèse. À forte dose, risque d'hyperactivité et de troubles digestifs.
- Colorant E160c (Paprika) : colorant alimentaire orange d'origine végétale. Sans danger mais interdit néanmoins en Australie.
- Colorant E161b (Lutéïne) : colorant alimentaire jaune d'origine naturelle. Pourrait favoriser l'asthme et l'urticaire.
- Colorant E150b (Caramel sulfité) : colorant alimentaire brun naturel ou chimique. Pourrait être parfois fabriqué à partir de maïs transgénique.

Il faut aujourd'hui revenir à une alimentation plus simple et surtout plus saine, donc moins chimique.

Bien vieillir

La France connaît, comme d'autres pays, un vieillissement de sa population. L'espérance de vie s'allonge de jour en jour et c'est ainsi qu'en 2030, un français sur trois sera un senior.

S'il existe des facteurs génétiques du vieillissement, il existe également une recette pour bien vieillir : manger moins (privilégier une alimentation riche en fruits et légumes), bouger plus (au moins 30 minutes de marche par jour) et pensez plus (grâce notamment aux jeux d'esprit).

Bio : voir agriculture biologique

Biocénose

C'est l'ensemble de toutes les espèces végétales et animales ainsi que les micro-organismes qui vivent et se reproduisent dans un milieu donné.

Biodiversité

Composée à partir des mots biologie et diversité, la biodiversité représente tout ce qui vit sur terre, et donc l'homme en fait partie. La perte de biodiversité, due notamment à l'activité humaine, constitue aujourd'hui un grave danger pour notre avenir. Les espèces animales et végétales ont depuis toujours apporté à l'homme les ressources nécessaires à sa survie. Aujourd'hui, l'industrie pharmaceutique dépend de la biodiversité. Trois médicaments sur quatre proviennent directement ou indirectement des plantes.

Biogaz

Le biogaz est un mélange composé de méthane et de gaz carbonique produit à partir de la fermentation des matières organiques animales ou végétales. Le procédé pour obtenir ce mélange est appelé méthanisation. Le biogaz est une énergie renouvelable.

Biomasse

C'est l'ensemble des matières organiques végétales et animales qui peuvent servir d'énergie comme par exemple pour les biocarburants* et le biogaz*. On y trouve le bois, la paille, les céréales, les excréments d'animaux, les ordures ménagères…

Biosphère

La biosphère est l'ensemble de tous les êtres vivants qui peuplent la planète et l'espace qu'ils occupent, à savoir une partie du sous-sol de la Terre, les eaux et la couche basse de l'atmosphère.

Biotope

C'est un milieu naturel qui présente des caractères spécifiques permettant d'abriter certaines espèces animales et végétales. Il est défini par l'eau, l'air, le sol, la lumière et la température. Le biotope* compose avec la biocénose* un écosystème*.

Brevetage du vivant

Il s'agit ni plus ni moins de "privatiser" des formes de vie. Les entreprises peuvent en effet aujourd'hui breveter le principe actif d'une plante, leur donnant ainsi l'exclusivité d'une possible exploitation commerciale (voir MONSANTO*). Il y a là un risque évident de piratage des richesses naturelles de la planète par les multinationales.

En 1972 la Convention de l'UNESCO déclarait les ressources génétiques végétales comme faisant parties du « patrimoine commun de l'humanité ».

Bruit

La pollution sonore est un vrai problème et elle peut avoir des conséquences graves sur la santé des individus. En effet, troubles de l'audition et acouphènes apparaissent de plus en plus tôt. Le seuil de nuisance sonore est estimé à 60 décibels et des pertes irréparables de l'audition peuvent se produire au-delà de 105 dB. En France, le pourcentage d'adolescents souffrant d'un début de surdité est de 10 %. Une directive européenne de 2005 oblige les communautés d'agglomération de plus de 250 000 habitants à élaborer un plan d'action contre la pollution sonore.

Cancer et alimentation[4]

De bonnes habitudes alimentaires peuvent avoir un effet préventif contre le cancer (sans toutefois annuler le risque). 30 % des cancers seraient ainsi liés à l'alimentation.

Les principaux aliments facteurs de risque sont les suivants : les boissons alcoolisées, la viande rouge, la charcuterie, le sel, les aliments riches en calcium (laitages), les aflatoxines (moisissures dans les céréales ou les légumineuses conditionnées industriellement). Il faut ajouter également les risques liés au surpoids.

Un travail d'experts mondiaux du World Cancer Research Fund de 2007 a abouti à l'émission de 10 recommandations pour améliorer la prévention :

1. Limiter les aliments hypercaloriques
2. Consommer surtout des végétaux
3. Etre aussi mince que possible
4. Etre physiquement actif au quotidien
5. Limiter la viande rouge et éviter la charcuterie
6. Limiter l'alcool
7. Limiter le sel
8. Pas de compléments alimentaires
9. Oui à l'allaitement
10. Penser aussi aux malades *(accompagner les personnes déjà diagnostiquées, celles en cours de*

---

[4] *D'après Sciences et Avenir – Avril 2008*

traitement ou en rémission car il y a un risque de récidive).

Reste que le cancer tue 150 000 fois en France par an et qu'il ressort aujourd'hui que les inégalités sociales jouent un grand rôle dans l'apparition de la maladie. Ainsi, les premières victimes sont les hommes sans diplôme, dont le risque de décès d'un cancer de la gorge ou du poumon, par exemple, est deux fois plus élevé que pour les cadres et les professions libérales. Cela s'expliquerait par la consommation de tabac et d'alcool, plus importante chez les non diplômés.

Canopée

La canopée est la partie haute de la forêt tropicale. Exposée directement aux rayons du soleil (et à la pluie), cette partie est très différente de celle du sol. Elle est riche en biodiversité*, on y trouve 80 % du feuillage des arbres et c'est l'habitat le plus riche pour les animaux et les plantes. L'étude de la canopée est assez récente, elle va notamment permettre de faire des découvertes qui serviront dans le domaine de la santé.

Catastrophes écologiques

Certaines catastrophes liées à l'activité humaine, maritimes (M) ou non, ont accéléré la prise de conscience de la nécessité d'un développement durable du fait de leur atteinte à l'environnement. En voici une liste non exhaustive :

- Le Torrey Canyon en 1967 (M)
- Seveso en 1976
- L'Amoco Cadiz en 1978 (M)

- Centrale nucléaire de Three Mile Island au USA en 1979
- Bhopal en Inde en 1984
- Tchernobyl en 1986
- Incendie de l'usine chimique Sandoz en 1986
- L'Exxon Valdez en 1989 (M)
- Incendie des terminaux pétroliers koweïtiens (1991)
- Le Sea Empress en 1996 (M)
- L'Erika en 1999 (M)
- AZF à Toulouse en 2001
- Le Prestige en 2002 (M)

Certification

La certification est une procédure qui permet de faire attester par un organisme indépendant (comme par exemple l'AFNOR*), qu'un produit, un service ou même une organisation est conforme à une norme officielle. La certification est un argument commercial.

CFC

Les Chlorofluocarbures (CFC) sont des composés chimiques non toxiques (Fréon). Ils ont été utilisés notamment comme gaz des aérosols et ont servi de solvants. Ils sont en grande partie responsables du trou dans la couche d'ozone. Interdits à la vente, ils doivent être récupérés et détruits depuis le 1er janvier 2002.

Charbon

Comme le gaz naturel et le pétrole, le charbon est une énergie fossile. Cette énergie est peu coûteuse et les réserves mondiales sont estimées à 250 années. Face à des besoins croissants en énergie, les pays en développement se sont tournés vers le charbon. La Chine s'appuie ainsi fortement sur ce combustible pour se développer. Le problème est que le charbon émet deux fois plus de gaz à effet de serre que le pétrole !

Charte de l'environnement

C'est un texte qui décrit les droits et devoirs des citoyens en matière d'environnement. Composée de 10 articles et promulguée par le Président de la République en 2005, elle est adossée à la Constitution Française. Dans cette charte, figurent les principes de précaution* et de réparation ainsi que le droit des citoyens « de participer à l'élaboration des décisions publiques ayant une incidence sur l'environnement » (article 7).

Climat

La Terre connaît différents climats. Les caractéristiques de chaque climat sont déterminées à partir de divers paramètres tels que la pluviométrie, l'ensoleillement, l'humidité, la vitesse et le vent. Les actions de l'homme ont également une influence sur le climat comme par exemple la déforestation.

Les différents types (ou familles) de climats sont les suivants :

- **Equatorial** : chaud et humide, c'est le même climat toute l'année (par exemple l'Amazonie).

- **Polaire** : glacial en hiver, été froid (par exemple le pôle Sud).
- **Tropical** : réglé par les pluies de la mousson (vents des régions tropicales). Hiver sec et ensoleillé et un été pluvieux.
- **Aride :** les climats arides sont diversifiés. On en définit 3 sortes : le climat hyper aride (par exemple le Sahara), le climat aride et le climat semi-aride. La distinction se fait notamment au niveau de la pluviométrie.

Climats tempérés

- Océanique : humide et variable avec des pluies régulières.
- Continental : hiver très froid, été chaud.
- Méditerranéen : été chaud et lumineux et hiver doux.

La France a un climat tempéré qui est très contrasté et qui privilégie une des 3 tendances selon les régions : océanique (Bretagne et côte ouest), continentale ou méditerranéenne (bassin méditerranéen).

CO2

voir gaz carbonique

Commerce équitable

L'objectif du commerce équitable est de faire du commerce en mettant l'individu au coeur des échanges. Cette pratique vise notamment à assurer une juste rémunération aux producteurs et à préserver l'environnement. Le commerce équitable concerne surtout le secteur alimentaire, mais il touche également les cosmétiques. Le label le plus connu permettant de reconnaître un produit équitable est Max Havelaar. Environ 5 millions de personnes dans le monde vivent du commerce équitable.

La France consomme moins de produits équitables que ses voisins européens. Les femmes constituent 60 % des clients de ces produits.

Compensé carbone

Le compensé carbone est un procédé qui consiste à compenser une action polluante par une action « vertueuse ». Par exemple, il s'agit de calculer l'émission de CO2* occasionné pour un voyage donné et de compenser cette émission par une plantation d'arbres. Le calcul est assez complexe et il existe des sites internet pour cela.

Compostage

Le compostage est un processus naturel qui permet de décomposer les déchets organiques grâce à l'oxygène de l'air. Il peut s'effectuer en tas ou en bac et certaines conditions sont requises pour réussir l'opération (humidité, air...). L'objectif est de valoriser les matières organiques et de les réduire en compost afin de fertiliser le sol.

Conférence de Johannesburg

Troisième Sommet de la Terre*, la Conférence de Johannesburg s'est déroulée en août et septembre 2002. Cette conférence, qui a débuté par un constat d'échec face au peu de progrès réalisés depuis la Conférence de Rio*, a proposé différentes mesures afin de permettre un développement économique qui s'inscrit dans le développement durable.

Conférence de Rio

Connue aussi sous le nom de deuxième sommet de la Terre*, la Conférence de Rio s'est déroulée en juin 1992 au Brésil. Cette conférence a défini la notion de développement durable et le rôle des différents acteurs en 27 principes (Déclaration de Rio) et 2.500 recommandations (Programme Action 21). C'est du Programme Action 21 appelé également Agenda 21 que découlent aujourd'hui bon nombre d'actions nationales et internationales dans les territoires.

Conférence de Stockholm

Premier sommet de la Terre*, la Conférence de Stockholm s'est déroulée en juin 1972 sous la devise "Une seule Terre, préserver et enrichir l'environnement". C'est la première conférence mondiale qui a permis d'adopter des principes communs d'intervention au niveau mondial afin de protéger l'environnement. C'est lors de cette conférence que le PNUE a été créé (**P**rogramme des **N**ations-**U**nies pour l'**E**nvironnement*).

Conférences thématiques

Diverses conférences thématiques ont anticipé ou complété les différents Sommets de la Terre*. Parmi elles, on peut citer :

- La Conférence de Ramsar (Iran) de 1971 visant à protéger les zones humides (marais, tourbières...),
- La Conférence de Vienne (Autriche) de 1993 qui fait de la promotion et de la protection des droits de l'homme une question de priorité,

- La Conférence du Caire (Egypte) de 1994 qui affirme que le développement doit d'abord se reposer sur les besoins des individus,
- La Conférence d'Istambul (Turquie) de 1996 qui souhaite « garantir à tous un logement convenable et à rendre les établissements humains plus sûrs, plus salubres, plus vivables, plus équitables, plus durables et plus productifs »,
- La Conférence de Bonn (Allemagne) de 2001 qui s'est tenue afin de procéder à la mise en œuvre du protocole de Kyoto*,
- La Conférence de Bonn de 2008 sur la protection dc la biodiversité*.

Consom'acteur

Biologique ou équitable, ces deux termes appellent le consommateur à devenir un citoyen responsable et engagé : un consom'acteur. Celui-ci est actif, il sait lire une étiquette, reconnaître une marque, en boycotter certaines et n'hésite pas à comparer.

Convention de Bâle

La Convention de Bâle sur le contrôle des mouvements transfrontières de déchets dangereux et leur élimination, est entrée en vigueur en mai 1992. Elle fixe des règles de circulation des déchets dangereux entre les pays, et notamment des pays riches vers les pays en voie de développement.

Déchets

La Convention de Bâle* définit les déchets comme les *« substances ou objets qu'on élimine, qu'on a l'intention* *d'éliminer ou qu'on est tenu d'éliminer en vertu des dispositions du droit national ».*

Il y a 3 types de déchets : biodégradables, recyclables, ultimes.

Le stockage des déchets dans des décharges à ciel ouvert est fortement répandu. Ce stockage pose un vrai problème car les déchets polluent les nappes phréatiques*. Les décharges produisent également des émanations de méthane*.

En France, c'est la commune (ou une structure intercommunale) qui collecte et valorise les déchets. Plus de la moitié de nos poubelles est recyclé et de nombreuses villes pratiquent aujourd'hui l'incinération.

<u>LES DEEE</u> : en France, le décret n° 2005-829 du 20 juillet 2005 relatif à la composition des équipements électriques et électroniques et à l'élimination des déchets issus de ces équipements définit les DEEE. Ce sont des : *« équipements électriques et électroniques et aux déchets qui en sont issus, y compris tous les composants, sous-ensembles et produits consommables faisant partie intégrante du produit au moment de la mise au rebut ».*

Chaque Français produit par an 14 kg de déchets de ce type (machine à laver, téléviseurs, ordinateurs…). Rappelons qu'un tube de rétro-éclairage d'un téléviseur LCD contient du mercure. L'écran LCD contient de l'indium, métal rare. Quant à l'écran à tube cathodique, il est composé de 50 % de verre contenant des poudres photoluminescentes polluantes.

Déchets radioactifs

L'humanité produit des centaines de milliers de tonnes de déchets radioactifs, issus notamment des centrales nucléaires et de la recherche. Ces déchets sont stockés dans divers sites. En France, les sites se trouvent dans l'Aube et dans la Manche. Il y a 3 sortes de déchets radioactifs : les déchets de haute activité et de moyenne activité et à vie longue (radioactifs pendant des centaines de milliers d'années), les déchets de faible et moyenne activité à vie courte et les déchets de faible activité à vie longue.

Décroissance

Cette idée part du principe que la surconsommation des pays riches a ruiné les pays pauvres et que le développement durable est une approche « verte » du capitalisme. L'objectif de la décroissance est de répondre à l'épuisement des ressources de la planète par une baisse volontaire de la consommation. La première étape est d'éteindre le poste de télévision, source de conditionnement.

Déforestation

Les raisons de la destruction de la forêt tropicale sont l'extension des villes, l'expansion agricole, l'exploitation du bois et la mise en place d'autres cultures. Chaque année, ce sont plus de 10 millions d'hectares qui disparaissent. Le problème est que la forêt, outre le fait qu'elle abrite une grande part de la diversité biologique, stocke de grosses quantités de CO2*. Quand une forêt est rasée, ce CO2 est libéré dans l'atmosphère, participant ainsi à l'effet de serre.

La déforestation a également une influence sur les sols, trop exposés aux précipitations (érosion) ainsi que sur la destruction d'espèces animales et végétales.

Démocratie locale

La démocratie locale a pour objectif de rapprocher les citoyens du processus de décision. En France, c'est la loi du 27 février 2002 relative à la démocratie de proximité qui permet d'améliorer la participation des habitants à la vie locale. Cette loi rend par exemple obligatoire la création des conseils de quartiers dans les communes de plus de 80 000 habitants. Leur création est facultative dans les communes de 20 000 à 80 000 habitants.

La démocratie locale participe au développement durable dans le sens où elle améliore le lien social et permet au citoyen de s'exprimer sur tous les sujets qui concernent son environnement.

Démographie

En 2050, la population mondiale sera de 9 milliards d'individus et les pays en développement en représenteront 90 %. Cette situation va entraîner une pression importante sur les ressources de la planète. Dans la plupart des pays européens, le taux de fécondité est inférieur au taux de renouvellement de la population. En Allemagne, vers 2060, et si la tendance actuelle se poursuit, les décès seront supérieurs aux naissances. La France, avec un taux de fécondité de 2 enfants par femme, fait figure de bonne élève.

Désertification

La désertification touche aujourd'hui 30 millions de km² dans le monde. Elle est liée à la dégradation des sols, et notamment dans les zones arides (dépourvues d'humidité). Elle peut être d'origine naturelle (vent, diminution de la nappes phréatique*...) et/ou humaine (culture, déboisement...).

La désertification concerne un cinquième de la population mondiale. Le Sahara est le plus grand désert du monde et il continue de s'agrandir.

Développement soutenable

Le développement soutenable est la traduction de l'anglais « sustainable development » mais qui a pris en France le nom de développement durable. La différence fait polémique. Néanmoins, il faut reconnaître que le terme de développement durable est moins dynamique que celui de développement soutenable. Il nous incite moins à soutenir les pays du Sud.

Dioxyde d'azote

Le dioxyde d'azote (NO2) est un gaz brun polluant au goût âcre généré par le trafic routier. Il est composé d'oxygène et d'azote. Son inhalation peut avoir des effets sur la santé, et notamment sur les enfants et les personnes asthmatiques.

En Europe, le seuil d'information et de recommandation de ce gaz est de 200 microgrammes par mètre cube en moyenne sur une heure. Le seuil d'alerte est à 400 microgrammes par mètre cube en moyenne sur une heure. Le dioxyde d'azote est à l'origine des pluies acides.

Dioxines

Les dioxines sont des substances chimiques émises notamment lors d'incinération des usines de retraitement des déchets. Ces substances peuvent néanmoins apparaître naturellement comme par exemple lors d'éruptions volcaniques. Certaines sont très nocives et des risques de diabète, de problèmes de peau, de maladies cardiaques voire de cancers existent pour ceux qui ont été exposés accidentellement à de fortes doses.

À cet effet, on peut se remémorer l'accident de Seveso en Italie le 10 juillet 1976 quand plusieurs kilogrammes de dioxine se sont échappés accidentellement d'une usine chimique. Cet accident a incité les états européens à se doter d'une politique commune en matière de prévention des risques industriels majeurs (Directives SEVESO* I et II).

Discrimination

La discrimination dans le monde touche la plupart du temps des personnes ou des catégories sociales minoritaires, vulnérables ou en difficulté. Il existe de nombreux critères de discrimination : origine, âge, sexe, orientation sexuelle, mœurs, appartenance à une ethnie, une nation ou une race, apparence physique, handicap, état de santé, grossesse, opinions politiques, activités syndicales, convictions religieuses.

Dopage

Le dopage est une pratique qui consiste à augmenter artificiellement ses capacités physiques à l'aide de produits spécifiques.

Les produits dopants :

- Les anabolisants (testostérone, stéroïdes, nandrolone…) qui peuvent entraîner des déchirures musculaires et parfois même des cancers.
- Les hormones (les quatre hormones principales sont : l'HCG, l'ACTH, la HGH et l'EPO),
- Les diurétiques qui augmentent la quantité d'urine produite par les reins,
- Les stimulants (caféine, éphédrine, cocaïne) qui peuvent entraîner des troubles psychologiques,
- Les narcotiques (morphine…),
- Les cannabinoïdes (haschisch, marijuana…),
- Les bêtabloquants (propanolol…).

Durée de vie

- Sac plastique : 400 à 500 ans
- Papier journal : 6 à 12 mois
- Une bouteille plastique : 4000 ans
- Chewing-gum : 5 ans
- Boite de conserve : 50 à 100 ans
- Canette en aluminium : 100 ans

Eau

Environ 70 % de la surface de la Terre est recouvert par les eaux et les océans abritent 97 % de cette eau. Celle-ci est cependant impropre à la consommation. L'eau douce représente les 3 % restants. Une grande partie de cette eau douce est stockée dans les glaciers.

Eau et crises

Les crises liées à l'eau apparaissent de plus en plus dans le monde. Un exemple : la crise en Israël. Le Lac de Tibériade, qui sert de réservoir, a atteint ses limites et il y a des risques dans l'avenir de salinisation et d'apparition d'algues toxiques.

Il faut ajouter à cela une pluviométrie à la baisse, ce qui tend à poser des problèmes d'approvisionnement en Israël, mais aussi en Cisjordanie et encore plus à Gaza où les nappes phréatiques sont polluées par les eaux usées*.

Eau et pauvreté

L'accès à l'eau pose un vrai problème de pauvreté. Dans le monde, 40 % de la population connaît de graves pénuries d'eau. Plus d'1 milliard de personnes n'ont pas accès à l'eau potable et 2,5 milliards de personnes ne bénéficient aujourd'hui d'aucun assainissement. L'Afrique est la région la moins bien desservie en eau de la planète.

Le partage de l'eau va être dans l'avenir une véritable source de tensions internationales, et notamment dans les pays méditerranéens.

Eau de pluie

L'eau de pluie n'est pas pure. Elle est en effet chargée de multiples particules (poussières…). Il faut donc la filtrer pour la boire.

Eau et pollution

Les origines des pollutions sont diverses. Avec l'agriculture (le plus gros consommateur d'eau), les nappes phréatiques* sont polluées à cause des pesticides* et engrais* utilisés ainsi que par les déjections animales. Les eaux usées* sont également à mettre en cause ainsi que les rejets des industries.

Eau potable

Chaque Français consomme 140 litres d'eau potable par jour (bain, douche, sanitaire...), un Canadien 300 à 400 litres, un nord américain 600 litres. Une Africaine parcourt en moyenne 6 kilomètres par jour pour approvisionner sa famille en eau...

Eau et santé

L'eau peut transmettre des parasites liés à des maladies telles que le paludisme, la maladie du sommeil, choléra, fièvre typhoïde, malaria, typhoïde, bilharziose... 8 millions de personnes, dont 50 % sont des enfants, meurent chaque année d'une maladie liée à l'absorption d'une eau polluée. L'eau contaminée est le premier facteur de mortalité dans le monde. L'OMS* prévoit qu'en 2025, les deux tiers de l'humanité seront touchés par des maladies liées à l'eau.

Conclusion

Il n'est pas possible de parler de développement durable si l'on ne prend pas la mesure de l'eau. Il est évident que, dans l'avenir, nous pourrons satisfaire une demande mondiale toujours en augmentation à la seule condition de gérer intelligemment l'ensemble des ressources disponibles.

Eaux usées

Il y a 3 types d'eaux usées : les eaux domestiques qui proviennent des habitations (rejets des toilettes, eaux ménagères), les eaux industrielles (qui peuvent contenir des produits toxiques) et les eaux pluviales (qui véhiculent des impuretés). Le "nettoyage" des eaux usées est devenu aujourd'hui une priorité. L'assainissement permet de dépolluer ces eaux avant de les rejeter dans la nature. Pour ce faire, elles sont « lavées » dans des stations d'épuration.

Les boues qui résultent de ce lavage peuvent être utilisées comme fertilisants dans l'agriculture.

Dans de nombreux pays, les eaux usées non traitées sont utilisées à des fins agricoles. Mais ces pays préfèrent ne pas reconnaître cette pratique de peur de voir leurs produits interdits à l'exportation.

En France, depuis la loi sur l'eau du 3 janvier 1992, tout immeuble doit être obligatoirement raccordé à un système d'assainissement.

Écosystème

C'est un ensemble biologique situé dans un milieu donné et qui est formé par la coexistence des éléments naturels tels que l'air, l'eau, la terre, ainsi que par tous les organismes vivants en incluant les êtres humains. En 50 ans, l'homme, par son comportement, a considérablement modifié les écosystèmes sur terre.

Ecocitoyen

C'est un individu qui aime la nature et qui adopte un comportement responsable dans la vie courante. Il agit au quotidien en tant que protecteur de l'environnement.

Écologie

L'écologie concerne les relations entre les êtres vivants et leur environnement ainsi que les relations des êtres vivants entre eux. Ce terme a été inventé par un allemand en 1866.

Économie sociale et solidaire

L'économie sociale et solidaire rassemble des activités qui répondent à des critères sociaux spécifiques au sein d'établissements tels que coopératives, associations, mutuelles, établissements et services d'aide par le travail... Elle cherche notamment à promouvoir justice et utilité sociale. L'économie sociale et solidaire représente en France 12 % du PIB*, deux millions d'emplois dans plus de 500 000 établissements.

Écosystème

Un écosystème est un ensemble associant le biotope* et la biocénose*. En clair, il s'agit des relations d'interdépendance entre les êtres vivants (animaux et végétaux) et leur environnement physique.

Ecotourisme

C'est un tourisme responsable, proche de la nature, qui contribue à la protection de l'environnement et au bien-être de la population locale. Ce « tourisme vert » s'inscrit dans une démarche de développement durable des territoires visités.

Ecovilles

Cette approche est une réponse à la pollution générée par les grandes métropoles. Le but est de construire dans les villes des bâtiments moins polluants et autosuffisants en énergie (panneaux solaires, géothermie*...). De plus en plus de pays s'inscrivent aujourd'hui dans cette démarche (Chine, Allemagne, Angleterre, Inde, Brésil...). On parle aujourd'hui de plus en plus d'écoquartiers et même d'écovillages.

Éducation au développement durable

Sachant que toute connaissance n'a de sens que si elle est transmise, il est nécessaire de sensibiliser tous les citoyens au développement durable. Les jeunes scolaires sont la première cible puisqu'ils représentent l'avenir. Le développement durable est aujourd'hui solidement inscrit dans la base des savoirs fondamentaux. Quant aux entreprises, elles sensibilisent de plus en plus leurs salariés au tri des déchets et aux économies d'énergie.

Éducation

Plus de 800 millions de personnes dans le monde ne savent ni lire ni écrire. Deux tiers des analphabètes sont des femmes et plus de 100 millions d'enfants n'ont pas accès à l'école. En Europe, un étudiant suit en moyenne 3 années d'enseignement supérieur alors qu'un étudiant africain ne suit en moyenne aucun enseignement supérieur.

Effet de serre

C'est un phénomène naturel, découvert par un français en 1824, et qui permet à la terre de conserver une partie de l'énergie du soleil grâce à des gaz à effet de serre*. Cela permet à notre atmosphère de se maintenir naturellement en moyenne à 15 °C. Sinon, la température serait de -18°C.

C'est l'effet de serre additionnel causé par l'activité humaine qui pose problème. Cet effet de serre additionnel entraîne une augmentation des températures.

Explications : les rayons du soleil parviennent jusqu'à la surface du globe. La terre renvoie ces rayons sous forme de rayons infrarouges dans l'espace. Les gaz à effet de serre* présents naturellement dans l'atmosphère empêchent une partie de ces rayons d'aller dans l'espace, ce qui permet ainsi de maintenir une température moyenne de l'air à la surface de la Terre. Les gaz à effet de serre* produits par l'activité humaine augmentent la quantité de gaz dans l'atmosphère. Cela a pour effet de retenir davantage de rayons infrarouges et donc d'accentuer le réchauffement.

Empreinte écologique

Nous utilisons tous des ressources naturelles pour vivre (manger, voyager…). Le calcul de notre empreinte écologique permet non seulement de mesurer l'impact de notre style de vie sur la planète mais aussi de voir si nous ne consommons pas plus que ce que la planète nous offre.

Par exemple, si votre empreinte écologique est de 2, cela signifie qu'il faudrait 2 planètes Terre pour que les 6 milliards d'humains vivent selon votre mode de vie. Il existe sur Internet des sites permettant de calculer votre empreinte.

Énergies fossiles

Il existe plusieurs énergies fossiles (et non renouvelables*) qui ont déjà commencé à se raréfier : le pétrole, le gaz naturel et le charbon. Les Etats-Unis consomment près du quart du pétrole produit dans le monde (avec une importation de 70 %).

La Chine a, quant à elle, multiplié sa consommation de pétrole par deux en 15 ans. La consommation de gaz est elle aussi mondialement en augmentation. Concernant le charbon, c'est la Chine qui est aujourd'hui le premier consommateur mondial devant les Etats-Unis. En effet, l'essentiel de l'électricité produite en Chine provient du charbon.

Énergie nucléaire

Une centrale nucléaire produit de l'électricité à partir de l'énergie nucléaire. Techniquement, il s'agit de produire une réaction de fission dans le cœur du réacteur de la centrale. Pour ce faire, on utilise de l'uranium. La France qui possède le second parc de centrales nucléaires au monde après les Etats-Unis, assure 75 % de son électricité grâce au nucléaire.

L'électricité nucléaire est une énergie bon marché et qui n'émet pas de gaz à effet de serre.

Pourtant, malgré ses 59 réacteurs, il faut remarquer que la France est loin du « miracle nucléaire ». De plus, le nucléaire a empêché pendant longtemps les investissements dans les énergies renouvelables.

Il se pose de plus en plus le problème de l'enfouissement et du traitement des déchets nucléaires.

Énergies renouvelables

Une énergie renouvelable est une énergie qui se régénère automatiquement et sans s'arrêter : l'énergie solaire (photovoltaïque*), l'énergie hydraulique (eau), l'énergie éolienne (énergie du vent), la géothermie (énergie de la terre) et la biomasse comme le bois. Le bois est en effet considéré comme une énergie renouvelable mais seulement à partir du moment où on laisse le temps aux arbres de pousser avant de trop en couper. Contrairement aux énergies fossiles, les énergies renouvelables n'émettent pas de gaz à effet de serre*.

Enfants

La situation des enfants dans le monde est un problème important en ce début de XXIe siècle. Les chiffres sont éloquents : un enfant sur 4 âgés de 5 à 14 ans travaille, 40 millions d'enfants subissent chaque année des agressions sexuelles, 120 millions vivent dans les rues et au moins 300 000 enfants, filles et garçons, combattent dans les conflits à travers le monde. La convention internationale de l'ONU relative aux droits des enfants, adoptée en 1989, a été ratifiée par la France en 1990 et est entrée en vigueur en 1991. Elle comprend 3 parties et 54 articles.

Entreprises

Les entreprises qui s'engagent dans une démarche de développement durable ont pour objectif d'être performant, non seulement d'un point de vue économique, mais également d'un point de vue social et environnemental. On parle là de Responsabilité Sociale des Entreprises (RSE). En 2001, la Commission européenne a publié un livre vert afin de « Promouvoir un cadre européen pour la responsabilité des entreprises ». La responsabilité sociale des entreprises y est définie comme « L'intégration volontaire des préoccupations sociales et écologiques des entreprises à leurs activités commerciales ».

La démarche se fait en 3 étapes :

- Faire un diagnostic détaillé de l'existant,
- Fixer les objectifs et élaborer un programme d'actions,
- Mettre en œuvre les actions.

Pour ce faire, l'entreprise doit mettre en place une concertation avec toutes les parties prenantes (stakeholders) de l'entreprise (salariés, fournisseurs, clients, actionnaires…).

Quelques avantages liés à la mise en place de la RSE : stimule la capacité d'innovation, améliore le climat social ainsi que son image, renforce la culture d'entreprise…

Éoliennes

Elles permettent de faire de l'électricité avec du vent. Le premier pays producteur d'énergie éolienne est l'Allemagne. En France, cinq régions concentrent 60 % de la puissance éolienne du territoire : le Languedoc-Roussillon, la Picardie, la Bretagne, la Lorraine et le Centre.

Les éoliennes devraient être au nombre de 3.500 en 2010, pour une puissance de 7.300 MW, et plus de 8.000 en 2020 pour une puissance de 25.000 MW. À ce jour la filière éolienne a créé en France plus de 5 000 emplois.

Afin d'encourager la filière, et depuis un décret de 1986, il est obligatoire pour EDF d'acheter l'énergie éolienne produite. Le tarif est bien supérieur au coût de production. Des associations soutiennent que considérant la part du nucléaire dans la production d'électricité (75 %), la France n'a pas besoin d'investir dans l'éolien. D'autres voix affirment que c'est une énergie onéreuse soutenue par des subventions publiques exorbitantes.

Espèces menacées

Dans le monde, le nombre d'espèces menacées s'élève à 16 306 (animaux et végétaux – chiffre 2007). Les raisons de la possible disparition de nombreuses espèces sont notamment la pollution des mers et des villes, la déforestation et l'utilisation de pesticides dans l'agriculture.

Une liste officielle regroupant les différentes espèces menacées est tenue par l'International Union for Conservation of Nature (UICN). On y apprend par exemple qu'une espèce d'oiseaux sur huit est menacée d'extinction.

Un mammifère sur 3 est aujourd'hui menacé de disparition.

Eutrophisation

C'est une fertilisation excessive d'un milieu aquatique. Cet état de fait résulte d'un apport excessif principalement d'azote et de phosphore, ce qui a pour conséquence d'augmenter la production d'algues et de plantes aquatiques. Les causes de l'eutrophisation sont les rejets urbains et industriels ainsi que la pollution agricole.

FAO

L'Organisation des Nations Unies pour l'alimentation et l'agriculture (Food and Agriculture Organisation of the United Nations – FAO en anglais) a été créée en 1945. Cette organisation combat la pauvreté et la faim dans le monde. Elle regroupe 180 États Membres.

Femmes

Les femmes subissent de nombreuses atteintes chaque jour dans le monde. Dans certains pays, des milliers de cas d'enlèvements ont été rapportés. Les combattants utilisent le viol comme arme de guerre.

Près de 5 000 femmes et filles sont victimes, chaque année, des « crimes d'honneur », dont 1 000 pour le seul Pakistan. L'excision et l'infibulation sont encore pratiquées en Afrique. Le nombre de fillettes âgées de 5 à 15 ans livrées chaque année à la prostitution est de 2 millions.

En Europe, la violence conjugale atteint parfois des proportions inquiétantes comme en Espagne. En France, 166 femmes sont mortes en 2007 sous les coups de leur conjoint.

Dans plus de 10 pays, aucune femme ne siège au parlement et, dans 8 elles n'ont pas le droit de vote. Partout dans le monde, les femmes restent majoritairement absentes du pouvoir.

Le premier pays à avoir accordé le droit de vote aux femmes est la Nouvelle-Zélande en 1893. Dans les autres pays, ce droit a été donné plus tardivement. En France, le droit de vote a été accordé aux femmes en 1946.

Finance éthique et solidaire

Investir socialement responsable (ISR) consiste à placer son argent non pas uniquement pour des raisons financières mais en prenant également en compte les aspects environnementaux et sociaux de l'entreprise. Il existe en France plus de 200 fonds ISR.

L'épargne solidaire permet de financer des opérations qui ne trouvent pas de financement dans les circuits financiers classiques. Cet investissement prend en compte ce qu'il va apporter socialement à la société. Le label Finansol est le label permettant de distinguer l'épargne solidaire.

FMI

Le Fonds Monétaire International (FMI) est une institution internationale fondée en 1944 et qui a pour mission d'assurer la stabilité du système monétaire international.

Les buts de cette institution sont notamment de (article 1) :

- « Promouvoir la coopération monétaire internationale au moyen d'une institution permanente fournissant un mécanisme de consultation et de collaboration en ce qui concerne les problèmes monétaires internationaux.
- Faciliter l'expansion et l'accroissement harmonieux du commerce international et contribuer ainsi à l'instauration et au maintien de niveaux élevés d'emploi et de revenu réel et au développement des ressources. »

Le FMI soutient les pays qui sont confrontés à des crises financières. Il y a 185 pays qui y adhèrent.

France et développement durable

En 1974, René DUMONT se présente à l'élection présidentielle en tant que premier candidat écologiste. Lors de sa campagne télévisée (pull-over rouge, un verre d'eau et une pomme), il a notamment mis l'accent sur la raréfaction programmée des ressources naturelles.

Même si, en 1971, Georges Pompidou créa le premier Ministère de l'Environnement, la véritable première référence au développement durable apparaît en 2002 avec le ministère de l'Écologie et du Développement Durable et la création d'un Secrétariat d'Etat au développement durable.

La France a adopté le 3 juin 2003 une Stratégie de Développement Durable.

La Charte de l'Environnement*, qui figure désormais dans la Constitution Française, a été promulguée le 1er mars 2005 par le Président de la République. En octobre 2007, c'est le Grenelle de l'environnement. Certains axes futurs de la politique de développement durable de la France y ont été définis.

Des textes ont participé à la mise en place en France d'une politique de développement durable. On peut citer la loi « Barnier » du 2 février 1995 relative au renforcement de la protection de l'environnement, la loi du 4 février 1995 relative à l'orientation pour l'aménagement et le développement du territoire.

Citons également la loi « Voynet » du 25 juin 1999 dite loi d'orientation pour l'aménagement et le développement durable du territoire (LOADDT). Cette loi impose notamment aux communes regroupées en pays ou en agglomération de réaliser des chartes intégrant la notion de développement durable.

Et d'autres textes, comme par exemple la loi du 13 décembre 2000 relative à la solidarité et au renouvellement urbain (SRU) et la loi relative à la démocratie de proximité du 27 février 2002.

FSC

C'est un label (Forest Stewardship Council) qui garantit que le bois provient des forêts gérées durablement. Ce label repose sur 10 principes dont les droits des populations autochtones et la protection des forêts remarquables.

Gaz carbonique

Appelé aussi dioxyde de carbone (CO_2), c'est un gaz à effet de serre*, incolore et inodore. Il est composé d'un atome de carbone et de deux atomes d'oxygène. Ce gaz est émis dès que du combustible carboné est brûlé (pétrole, charbon, gaz). Un Américain émet par an environ six tonnes de carbone, un Français moins de deux (en raison de l'énergie nucléaire).

La moyenne des émissions de CO_2 en grammes par kilomètre des voitures qui circulent en Europe est de 158,34 grammes. En France, sur les 30 millions d'automobiles qui circulent, la moyenne est de 148,19 grammes. Pour bénéficier du bonus écologique, il faut que la voiture émette moins de 130 grammes de CO_2.

Gaz à effet de serre

Les gaz à effet de serre (GES) provoquent l'effet de serre*, que cet effet soit naturel ou provoqué par l'homme (anthropique). Les principaux sont : la vapeur d'eau (50 % des GES), le gaz carbonique*(40 % des GES), le protoxyde d'azote*, le méthane*, l'ozone, les CFC*, l'hexafluorure de soufre*... À part la vapeur d'eau, les gaz à effet de serre mettent très longtemps à disparaître de l'atmosphère (par exemple 100 ans pour le gaz carbonique).

Gaz naturel

Composé à plus de 90 % de méthane, le gaz naturel est la troisième énergie non renouvelable consommée au monde après le pétrole et le charbon. La moitié du gaz consommée dans l'Union européenne provient de 3 pays : l'Algérie, la Russie et la Norvège. Les réserves en gaz sont importantes (de 60 à 100 ans), et notamment en Russie et en Iran. Présenté comme l'une des énergies les moins polluantes, le gaz naturel émet néanmoins des quantités importantes du CO2 lors de son utilisation.

Géothermie

Le chauffage géothermique consiste à capter la chaleur dans le sol pour produire du chauffage (maisons, piscines, thermalisme…) ou de l'électricité. C'est une énergie renouvelable, non polluante et peu coûteuse. Pour information, sous terre, la température augmente d'environ 3,3 °C tous les 100 mètres.

GIEC

Le Groupe d'experts intergouvernemental sur l'évolution du climat (GIEC) a été créé en 1988. Il a pour mission d'expertiser scientifiquement les risques liés au changement climatique d'origine humaine. Cette organisation se compose de trois groupes de travail et d'une équipe spéciale pour les inventaires nationaux de gaz à effet de serre*.

Globalisation

C'est la mise en place d'une production mondiale organisée. Elle pose aujourd'hui de nombreux problèmes : délocalisations en masse et pertes d'emplois, spéculation financière sans limite, fragilité du système financier mondial (subprimes*), dégradation de l'environnement, augmentation des prix alimentaires à cause de l'augmentation du prix des matières premières, machine inégalitaire qui envenime les rapports sociaux… La globalisation représente la fin du monopole de l'Occident.

Gluten

Le gluten, protéine contenue dans les céréales (blé, avoine, orge, seigle) provoque chez certaines personnes la maladie cœliaque (allergie localisée au niveau intestinal) qui peut provoquer une dénutrition chez l'enfant et un cancer digestif chez l'adulte. Dès diagnostic, il convient d'adopter un régime strict « sans gluten », c'est-à-dire en excluant les 4 céréales précitées de l'alimentation de la personne concernée.

Gouvernance

La gouvernance est une façon de gouverner qui promeut un équilibre entre les institutions, la légitimité du politique, le marché économique et la participation des citoyens. On parle surtout de « bonne gouvernance », ce qui permet d'inscrire l'action politique dans le développement durable.

GPL

Le **G**az de **P**étrole **L**iquéfié est un mélange de butane et de propane. Il dégage peu de dioxyde d'azote*, est deux fois moins cher mais produit plus de gaz carbonique* que l'essence. En 2006, la production mondiale de GPL s'est élevée à 226 millions de tonnes. La consommation en Europe a été de 34 millions de tonnes dont 2,6 millions pour la France.

Greenpeace

Greenpeace est une organisation internationale indépendante créée en 1971 et dont le but est de dénoncer les atteintes à l'environnement ct d'apporter des solutions qui contribuent à la protection de l'environnement et de la paix. Elle compte près de 3 millions d'adhérents, 1.200

salariés dans le monde et est présente dans une quarantaine de pays.

La non-violence est un de ses grands principes. On a beaucoup parlé de cette association lors de l'affaire du bateau « Rainbow Warrior* ». En France, une cinquantaine de personnes y travaillent.

Grenelle de l'environnement

Le Grenelle de l'Environnement, qui s'est déroulé en France en octobre 2007, était « *Une consultation nationale visant à refonder la politique de l'écologie et à rendre compatible la croissance avec les limites d'un monde fini* ».

Cette consultation, qui a rassemblé Etat, collectivités territoriales, ONG, syndicats et patronat, s'est concrétisée par un ensemble de réunions effectuées sur les thèmes suivants : OGM*, déchets, changement climatique, gouvernance et éducation, biodiversité et ressources naturelles, production et consommation, compétitivité et emploi, environnement et santé.

Lors de ce Grenelle, 268 engagements ont été adoptés au terme des différentes tables-rondes.

Guerre

Par essence, la guerre ne va pas dans le sens d'un développement durable de l'humanité. Tous les conflits ont un impact sur l'environnement, comme en témoigne par exemple l'incendie en 1991 des 732 puits de pétrole koweitiens par les Irakiens.

Dans l'avenir, les tensions géopolitiques liées au contrôle des ressources d'eau et de pétrole pourraient s'exacerber. Ainsi, une étude du Programme des Nation

Unis pour l'Environnement publié en 2007 et intitulé « Le changement climatique, risque pour la sécurité » a révélé que le réchauffement climatique* pourrait provoquer « une guerre civile mondiale ».

La lutte contre le réchauffement climatique sera au cœur de la politique de la paix au XXIe siècle.

Habitat

La qualité de l'environnement dans les lieux clos a des conséquences sur la santé des individus. Les sources de pollution sont diverses : matériaux de construction, tabac, chauffage, acariens, moisissures…

Les conséquences sur la santé vont de la fatigue à l'allergie en passant par l'asthme. Parfois même, la vie des personnes peut être mise en danger (intoxications par le monoxyde de carbone dues au mauvais fonctionnement d'un appareil de chauffage).

Il existe de simples gestes qui permettent de lutter contre la pollution intérieure et notamment de bien aérer et ventiler les pièces, d'éviter la moquette, etc.

HALDE

En France, la **H**aute **A**utorité de **L**utte contre les **D**iscriminations et pour l'**É**galité « *soutient et met en œuvre des actions de prévention des discriminations et de promotion de l'égalité avec l'ensemble des acteurs : administrations, entreprises, associations, partenaires sociaux, etc.* ». Cet organisme intervient notamment dans la lutte contre les discriminations liées à l'activité syndicales, les opinions politiques, les origines, le sexe, les convictions religieuses…). La majorité des plaintes qui lui sont soumises sont liées à l'emploi. La HALDE dispose de pouvoirs d'investigations et peut saisir la justice.

Handicapés

Pour faire simple, il y a deux types de handicap : le handicap mental (trisomie 21, schizophrénie, cécité…) et le handicap moteur (myopathie, paralysie…). Partout, les personnes handicapées rencontrent des problèmes. Selon l'ONU, le handicap touche 10 % de la population mondiale soit 650 millions. On estime à 150 millions le nombre d'enfants handicapés dans le monde.

Il existe des associations qui interviennent dans les pays où les personnes handicapées se retrouvent en situation de grande difficulté. Ainsi par exemple l'ONG* « Handicap International », reconnue d'utilité publique en 1997, et qui aide les populations afin qu'elles deviennent progressivement actrices de leur propre développement.

En France, près de 10 % de la population est en situation de handicap. La loi de 2005 « pour l'égalité des droits et des chances, pour la participation et pour la citoyenneté des personnes handicapées », a permis de mieux répondre aux attentes de ces personnes.

Hexafluorure de soufre

Composé chimique (SF6) de soufre et de fluor, l'Hexafluorure de soufre est un des principaux gaz à effet de serre. Il est notamment utilisé pour isoler des disjoncteurs et les armoires électriques. Inhalé, il a la particularité comme l'hélium de modifier la voix.

Hormones de croissance bovine

C'est une hormone synthétique (RBGH) injectée aux vaches pour augmenter leur production de lait de 20 %. Cette hormone a provoqué des changements physiologiques ainsi que des problèmes de reproduction chez les vaches traitées. Des antibiotiques ont été retrouvés dans le lait provenant de ces vaches. La RBGH est interdite en Europe.

HQE

40 % des ressources naturelles dans le monde sont utilisées pour la conception et l'exploitation des bâtiments. Ceux-ci contribuent pour 25 % aux rejets de gaz à effet de serre.

La Haute Qualité Environnemental est une dynamique dont l'objectif est d'intégrer dans le bâti des principes du développement durable et donc de construire un bâtiment écologique C'est une démarche volontaire qui est composée de 4 familles pour 14 cibles :

I) ECO-CONSTRUCTION

1) Relation harmonieuse du bâtiment avec son environnement immédiat
2) Choix intégré des procédés et produits de construction
3) Chantier à faible nuisance

II) ECO-GESTION

4) Gestion de l'énergie
5) Gestion de l'eau
6) Gestion des déchets d'activités
7) Gestion de l'entretien et de la maintenance

III) CONFORT

8) Confort hygrothermique
9) Confort acoustique
10) Confort visuel
11) Confort olfactif

IV) SANTE

12) Condition sanitaire des espaces
13) Qualité de l'air
14) Qualité de l'eau

Bâtiment HQE à Aubervilliers (inauguré en 2005)

Huberts Reeves

Hubert REEVES et un astrophysicien canadien qui est titulaire d'un doctorat en astrophysique nucléaire d'une université américaine. Il a été conseiller scientifique à la NASA et est notamment célèbre pour sa capacité à rendre accessible à tous la complexité de l'univers. Fortement engagé dans le développement durable, il est l'auteur de nombreux livres dont « Mal de Terre » et « Je n'aurais pas le temps ».

Inondations

Les inondations touchent de nombreuses régions dans le monde. Les conséquences sont multiples : pertes humaines, destruction de récoltes, d'habitations, etc. Elles sont de plus en plus nombreuses et la tendance devrait s'accélérer dans l'avenir. C'est le changement climatique qui est responsable de cette situation.

Irrigation

L'irrigation consiste à apporter artificiellement et par déviation de l'eau douce à des cultures. Il existe différents systèmes d'irrigation. Cette technique a l'avantage de diversifier les cultures. Le problème est que l'irrigation consomme beaucoup d'eau et qu'elle peut même parfois assécher des lacs.

Isabelle Autissier

C'est une navigatrice française qui a été la première femme à avoir accompli un tour du monde en solitaire. Ingénieur agronome de formation et amoureuse de la mer, elle a navigué sur de nombreux océans. Elle a fondé en 2001 l'association « Pourquoi pas l'Antarctique* », continent du Pôle Sud où elle a effectué une mission scientifique en 2002.

ISO

ISO est une organisation internationale de normalisation dont le siège se trouve en Suisse. C'est une ONG* qui édicte de nombreuses normes qui répondent à des besoins du monde industriel et commercial. Parmi les normes les plus connues, nous trouvons notamment ISO 9001 (Systèmes de management de la qualité), et ISO 14001 (Systèmes de management environnemental).

Jean-Louis Étienne

C'est un explorateur français né le 9 décembre 1946 dans le Tarn. Il est médecin, titulaire d'un diplôme de biologie et spécialisé en nutrition. Il a participé à de nombreuses expéditions et notamment dans les régions polaires (missions "Antarctica", "Erebus"...). En 1986, il a été le premier homme à atteindre le Pôle Nord en solitaire. En 2007, il a été nommé directeur général de l'Institut océanographique – Fondation Albert 1er de Monaco.

Journées de sensibilisation

(liste non exhaustive)

- 2 février : Journée mondiale des Zones Humides
- 8 mars : Journée mondiale de la Femme
- 21 mars : Journée Internationale des forêts
- 22 avril : Jour de la Terre
- 28 avril : Journée mondiale sur la sécurité et la santé au travail
- 1er mai : Journée mondiale du travail
- 3 mai : Journée mondiale de la liberté de la presse
- 22 mai : Journée internationale de la biodiversité
- 1er juin : Journée Internationale de l'enfant
- 2 juin : Journée mondiale pour un Tourisme Responsable et respectueux
- 4 juin : Journée internationale des enfants victimes innocentes de l'agression
- 5 juin : Journée mondiale de l'environnement
- 8 juin : Journée mondiale des océans

- 12 juin : Journée mondiale contre le travail des enfants
- 14 juin : Journée mondiale du Don du Sang
- 17 juin : Journée mondiale de lutte contre la désertification et la sécheresse
- 8 septembre : Journée internationale de l'alphabétisation
- 10 septembre : Journée mondiale de prévention du suicide
- 16 septembre : Journée internationale de la protection de la couche d'ozone
- 21 septembre : Journée mondiale de la maladie d'Alzheimer
- 21 septembre : Journée Internationale de la paix
- 14 novembre : Journée mondiale du diabète
- 19 novembre : Journée mondiale pour la prévention des abus envers les enfants
- 20 novembre : Journée internationale des droits de l'enfant
- 25 novembre : Journée internationale pour l'élimination de la violence à l'égard des femmes
- 1er décembre : Journée mondiale de lutte contre le SIDA
- 2 décembre : Journée internationale pour l'abolition de l'esclavage
- 3 décembre : Journée internationale des personnes handicapées

Label

Le label est un moyen de reconnaissance attribué par un certificateur après vérification du respect d'un cahier des charges précis. Il existe en France différents labels comme par exemple dans l'alimentation avec le Label Rouge, AB (Agriculture Biologique), AOC (Appellation d'origine contrôlée)...

Lacs et étangs

Les lacs et les étangs sont des milieux d'eau douce où réside une vie abondante (faune et flore). Ces étendues d'eau sont fragiles et menacées. Le plus grand lac fermé d'Europe occidentale est le Lac Léman. Sa superficie est de 582 km². Il traverse la Suisse et la France (Haute-Savoie).

Liberté de la presse

La liberté de la presse d'un pays est un indicateur de l'état de sa démocratie. Dans le monde, 1/3 de la population vit dans des pays où la presse est réprimée. Reporters sans frontières souligne que c'est en Asie que la situation est le plus catastrophique, avec huit des dix pays les plus mal classés dont la Corée du Nord, la Birmanie, le Laos, la Chine, l'Iran, le Vietnam et le Turkménistan. Dans ces états, la presse indépendante est soit inexistante, soit systématiquement réprimée. En France, la liberté de la presse est encadrée par la loi du 29 juillet 1881.

Maison écologique

Il s'agit là de créer un environnement sain à l'intérieur de la maison et de faire des économies d'énergie. Le bâtiment est en effet responsable de 25 % des émissions de gaz à effet de serre. Seront d'abord privilégiés dans la construction d'une maison écologique des matériaux sains et naturels (comme par exemple le bois) et des produits écologiques (peintures, isolants et autres éléments).

Par ailleurs, on pourra avoir recours aux panneaux photovoltaïques*, au chauffe-eau solaire, aux lampes à basse consommation, à l'éolien, à l'utilisation de produits « verts » pour le nettoyage et la récupération des eaux de pluie (pour arroser le jardin ou pour laver la voiture, mais pas pour les toilettes).

Mal-être

Chômage, vie chère, inégalités, absence d'avenir, dans de nombreux pays, les jeunes adoptent de plus en plus des conduites susceptibles de mettre en danger leur santé et leur vie. De la consommation excessive d'alcool, de drogue, aux activités dangereuses telles que le « surf entre les trains » et la traversée des autoroutes, ils veulent ressentir des émotions fortes et sensationnelles afin d'oublier leur mal-être.

Malnutrition

La malnutrition (mauvaise nutrition) est un grave problème de santé, surtout dans les pays pauvres. Dans le monde, 800 millions de personnes souffrent de malnutrition, dont 10 millions dans les pays industrialisés. Les raisons de la malnutrition sont diverses : sécheresse, guerres civiles, hygiène… La faim et la malnutrition tuent, chaque année, près de 6 millions d'enfants. Il faut noter que l'obésité est une conséquence de la malnutrition.

Mangroves

Les mangroves sont de grandes formations végétales qui se développent dans les eaux peu profondes de l'océan (régions tropicales et subtropicales). Ce sont des écosystèmes* riches et fragiles. En près de 30 ans, 20 % de la superficie des mangroves du monde a disparu.

Marées noires

En cas de marée noire, le pétrole arrête la chaîne alimentaire de l'océan :

- Il fait disparaître le plancton,
- Il y a donc moins de poissons,
- Les animaux qui se nourrissent de poissons ont du mal à survivre.

Deux exemples de marées noires :

- Le naufrage du pétrolier libérien l'Amoco Cadiz, le 16 mars 1978. Il perd 230 000 tonnes de pétrole et ce pétrole, qui s'étend alors sur 30 km, tue plus de 30 000 oiseaux.
- Le 24 mars 1989 le pétrolier Exxon Valdez s'échoue en Alaska. Ce sont 42 000 tonnes de brut qui se répandent et souillent plus de 2000 km de côtes. Bilan : 250 000 oiseaux marins tués.

La pollution due aux dégazages sauvages est 10 fois supérieure à celle des marées noires.

Mégalopoles

Une mégalopole (mot inventé par un français) est une très grande agglomération, qui regroupe parfois plusieurs villes liées entre elles, et qui compte plus de 8 millions d'habitants. Exemples : New York, Tokyo, Shanghai, Sao Paulo… Le monde compte plus d'une vingtaine de mégalopoles.

C'est notamment l'exode rural qui est la cause de l'augmentation du nombre de mégalopoles. Cette concentration d'habitants a des conséquences importantes sur les émissions de gaz à effet de serre* (transports) et sur la consommation d'énergie.

Mercure[5]

Le mercure est toxique pour les hommes, les animaux et les écosystèmes*, même à faible dose. Il est utilisé pour extraire artisanalement de l'or et dans l'industrie de la soude, du chlore et du plastique. L'Union européenne, actuellement 1er exportateur mondial, n'exportera plus ce métal à compter de 2011.

Météorologie

Cette science est née en Chine il y a plus de 3000 ans. Elle prévoit le temps sur des durées courtes (maxi 3 jours). Aujourd'hui, elle se fonde notamment sur les analyses des satellites qui sont en orbite autour de la Terre. Cela permet de réussir des prévisions à plus de 90 % !

Méthane

C'est un gaz à effet de serre (CH4). Le méthane est notamment dégagé par la décomposition des décharges d'ordures ménagères. On estime également que la moitié du méthane présent dans l'atmosphère provient des termites. C'est la déforestation, et donc l'abattage des arbres,

---

[5] Le Monde n° 19804 du 27 septembre 2008

qui est à l'origine de l'augmentation de cet insecte. Le méthane se forme également dans l'estomac des mammifères.

Ce gaz paraît aussi dangereux que le CO2. Certains chercheurs affirment même que l'émission d'une tonne de méthane dans l'atmosphère a le même effet que 20 tonnes de CO2 !

Métiers du développement durable
(liste non exhaustive)

Agent d'assainissement, Agriculteur - exploitant et assimilé, Animateur - Formateur - Conseiller en développement durable, Animateur en tourisme rural et Activités de pleine nature, Analyste social, Astronome, Audit en environnement, Botaniste, Collecteur de déchets toxiques ou industriels, Chargé de mission de l'agenda 21, Conducteur de station d'épuration, Déontologue, Eco-Conseiller, Garde national de la chasse et de la faune sauvage, Géologue, hygiéniste, Ingénieur Environnement, Ingénieur forestier, Juriste en droit de l'environnement, Paysagiste, Recycleur,_Chargé de mission HQE, agent ou gardien de déchèterie, recycleur automobile, psychologue environnemental, Chargé de mission en PNR (Parc Naturel Régional), Acousticien, Garde du littoral, Eco développeur, Cartographe, Géographe, Égoutier, Goutteur d'eau, Responsable des réseaux d'assainissement, Fontainier, Technicien de contrôle des réseaux, Technicien de mesure de la qualité de l'eau, Technicien en traitement d'eau potable, Animateur en écotourisme, Agent de bascule, Conseiller en épandage de boues en agriculture, Responsable du compostage, Ingénieur en génie thermique, Chef de projet éolien, Frigoriste, Installateur thermique et climatique, Botaniste, Éthologue, Océanographe, Ingénieur dépollution, Pédologue, Responsable de réseaux d'assainissement, Responsable de site de traitement des déchets, Technicien de traitement des déchets, Urbaniste, Viticulteur Volcanologue, Zoologiste…

Microcrédit

Le microcrédit, très développé dans les pays en voie de développement, consiste à attribuer aux pauvres exclus du crédit bancaire un prêt de faible montant afin de leur permettre de créer leur propre activité. Le nombre de familles bénéficiaires du microcrédit dans le monde s'élève à plus de 100 millions. Il y a plus de femmes que d'hommes qui bénéficient du microcrédit.

Monsanto

Géant américain de la chimie et leader mondial de la biotechnologie. Cette entreprise, dont le siège social est situé à Saint Louis aux Etats-Unis, emploie plus de 17 000 personnes à travers le monde.

Elle détient les brevets de 90 % des OGM dont le fameux « terminator », technologie qui permet de modifier génétiquement les plantes afin qu'elles produisent des semences stériles, donc impossibles à replanter. On lui doit également la production de PCB*, d'aspartam*, des hormones de croissance bovine* (RBGH), de l'agent orange durant la guerre du Vietnam et du Roundup.

À propos du Roundup, qui est l'herbicide le plus vendu au monde, il faut noter que les OGM de Monsanto ont été modifiés afin de résister aux épandages de ce produit très toxique. Aux Etats-Unis, la culture du soja transgénique résistant au Roundup a provoqué une augmentation des ventes de ce produit de plus de 70 % en 10 ans.

Monsanto est coté en bourse. Ses principaux actionnaires sont des fonds de pensions et des banques. L'entreprise a fait en 2007 un milliard de dollars de bénéfices.

Muhammad Yunus

C'est un économiste et entrepreneur bangladais qui a obtenu en 2006 le prix nobel de la paix pour avoir créé la Grameen Bank, première banque de microcrédit* pour les pauvres. La Grameen Bank a permis de réinsérer de nombreuses personnes. Elle dispose aujourd'hui de plus de 17 000 employés et 6 millions de clients.

Nappes phréatiques

C'est une quantité d'eau située dans le sous-sol, et qui peut fournir de l'eau potable (puits, irrigation…). On peut y accéder assez facilement puisqu'il est possible de les trouver à partir de 2 mètres de profondeur. On distingue deux formes de nappes, les nappes captives (sous pression) et les nappes libres. Le problème est qu'elles sont facilement atteignables et donc exposées à toutes les pollutions, notamment par les pesticides. Les nappes phréatiques s'alimentent grâce à l'eau de pluie.

Natura 2000

Le plan Natura 2000, adopté par l'Union européenne en 1992, vise notamment à protéger la faune et la flore. Deux types de zones sont concernés : les Zones Spéciales de Conservation (ZSC) et les Zones de Protection Spéciale (ZPS). En France, le réseau Natura 2000 couvre 7 millions d'hectares.

Nicolas Hulot

Nicolas HULOT est un journaliste animateur écologiste né le 30 avril 1955 à Lille. Grand voyageur, il s'est très tôt engagé dans la protection de l'environnement. Après avoir occupé différents emplois, il devient en 1987 producteur et présentateur de « Ushuaïa, le magazine de l'extrême ». Il a lancé son pacte écologique en 2006 qui a été signé en 2007 par les principaux candidats à la présidentielle. Il est critiqué par certains écologistes qui le trouvent assez timoré en matière de propositions.

Nicolas Vanier

C'est un aventurier qui a effectué de nombreuses expéditions à travers le monde. Citons pour exemple en 1986 un périple de 7000 km à travers les rocheuses et l'Alaska avec 24 chiens de traîneaux ou bien la traversée du sud au nord de la Sibérie entre 1990 et 1991. En 1996 il participe à une course en traîneaux à chiens où il parcourt 1600 kilomètres à travers le Grand Nord Canadien et l'Alaska. Nicolas VANIER a écrit plusieurs livres où il raconte ses aventures.

Nuages

Les nuages, qui se forment dans la troposphère*, sont constitués de gouttelettes d'eau ou de cristaux de glace. Ils sont classés par genres, espèces et variétés. Les 9 genres sont les : Cirrus, Cirrocumulus, Cirrostratus, Altocumulus, Altostratus, Stratus, Stratocumulus, Cumulus et Cumulo-nimbus (qui annonce l'orage ou la pluie). Les noms sont choisis en fonction de la forme et de l'altitude du nuage.

Obésité

L'obésité s'explique notamment par l'accélération du rythme de vie, la sédentarité et une alimentation de plus en plus riche (les politiques agricoles favorisent la production d'aliments gras et sucrés). Un constat : la télévision exerce une grande influence sur l'obésité. Il faut également préciser que cette maladie touche les populations les plus pauvres. Un américain sur 4 est obèse. En France, il y a 20 millions d'habitants en surpoids dont 9 millions d'obèses. On peut craindre dans l'avenir une augmentation des différentes pathologies liées à l'obésité (diabètes, hypertension…).

OGM

Un OGM est un organisme auquel on a inséré dans l'ADN un gène d'une autre espèce ou d'un autre organisme de la même espèce. Les plantes OGM (Organismes Génétiquement Modifiés) sont présentées comme étant des plantes permettant de résoudre les problèmes de pollutions liés à l'utilisation de pesticides.

Le problème est que nous n'avons aujourd'hui aucun recul nécessaire pour évaluer les risques liés à l'utilisation des OGM sur l'environnement et donc sur le consommateur.

Ce qui est sûr, c'est qu'il y a un risque avéré de contamination accidentelle (pollen transporté par le vent) des autres cultures comme en témoigne le maïs mexicain contaminé par le maïs OGM américain. Le maïs américain sert de nourriture pour les hommes et les animaux. Aux Etats-Unis, une plante OGM est considérée comme similaire à une plante normale.

Cinq pays dans le monde représentent plus de 95 % de la production des OGM commercialisés : la Chine, les Etats-Unis, L'Argentine, le Canada et le Brésil.

OMC

L'**O**rganisation **M**ondiale du **C**ommerce (OMC) est une organisation internationale qui édicte des règles régissant le commerce entre les pays. C'est notamment un lieu où les pays viennent négocier des accords ou régler leurs désaccords commerciaux. L'OMC a été créée en 1995 et son siège social est situé à Genève en Suisse.

OMS

L'Organisation Mondiale de la Santé (OMS) est une agence de l'ONU créée en 1948 et qui s'occupe des questions de santé internationale et de santé publique. Elle regroupe plus de 190 pays et son siège social est situé à Genève en Suisse.

ONG

Une **O**rganisations **N**on **G**ouvernementales ne dépend pas d'un Etat mais intervient néanmoins dans des domaines qui relèvent de l'international. : Greenpeace, WWF, Action contre la faim, Reporters sans frontières… Il existe une liste officielle des ONG reconnus par les institutions internationales.

Organisations de défense de l'environnement

Il en existe trois sortes : les organisations internationales, européennes et nationales. Parmi elles, nous trouvons SOS Planètes, l'ADEME, le CLCV, l'Alliance pour la planète, Éthique sur l'étiquette, Les amis de la Terre, Agir pour l'environnement, Comité 21...

Paludisme

Le paludisme, appelé aussi malaria, est une infection tropicale due à un parasite, le Plasmodium, et transmise par la piqûre indolore d'un moustique, l'anophèle femelle. Cette infection tue un million de personnes par an. Au Mali, le paludisme est la première cause de mortalité infantile. Il existe des médicaments antipaludiques dont les plus connus sont la chloroquine et la quinine.

Un plan mondial contre cette maladie a été lancé à New York en 2008. La stratégie repose sur la couverture universelle des populations concernées, à partir de 2010, par des outils et traitements efficaces. Elle a pour objectif d'éliminer à long terme une maladie parasitaire qui menace la moitié de la population mondiale.

Paul-Emile Victor

Paul-Émile VICTOR, scientifique et explorateur français, a été le chef des expéditions polaires françaises de 1947 à 1976. Au cours de ces 29 ans, il a effectué 150 expéditions et notamment en Antarctique* et au Groenland. Durant sa vie, il a organisé de multiples activités autour du thème de la défense de l'environnement.

C'est ainsi qu'en 1974, il a créé le groupe Paul-Émile Victor pour la défense de l'homme et de son environnement avec Alain BOMBARD, Jacques Yves COUSTEAU et Haroun TAZIEFF. Il est mort en 1995 à l'âge de 88 ans.

Pauvreté

Près de la moitié de la population mondiale vit dans la pauvreté et 8 millions d'enfants meurent chaque année à cause de ladite pauvreté. Dans de nombreux pays en développement, les pauvres, qui ne sont politiquement pas représentés, n'ont pas accès à l'éducation ni à la santé.

En France, la pauvreté concerne environ 12 % de la population. Les publics concernés sont de plus en plus diversifiés. On y retrouve ainsi les personnes en situation d'exclusion, les jeunes scolarisés ou non, les personnes âgées, les travailleurs pauvres, les chômeurs de longue durée, les anciens détenus, etc.

Pays émergents

Ce sont des pays actuellement en fort développement économique (Chine, Brésil, Russie, Inde) qui tendent petit à petit à se rapprocher du niveau de vie des pays développés. Les pays émergents se situent entre les pays en voie de développement et les pays développés. Ce sont des pays « en transition » qui jouent un rôle de plus en plus important sur le marché des capitaux et des biens et services.

PCB

L'autre nom des PCB (Polychlorobiphényles) est les Pyralènes. Les PCB regroupent 209 substances apparentées. Ce sont des produits chimiques chlorés qui produisent des effets toxiques (dont le cancer) sur l'organisme humain. Ils ont été produits pour être utilisés notamment dans les transformateurs électriques et les condensateurs. En France, sont dispersées dans la nature plus de 30 000 tonnes de PCB. L'Union européenne a interdit la production et le commerce de PCB en 1985.

Pénurie alimentaire

Il y a de plus en plus d'émeutes de la faim dans le monde. En 2007/2008 la production mondiale de blé est d'environ 610 millions de tonnes. En 2020, elle sera de 1.000 millions de tonnes. En 2007, le prix moyen d'un repas de base dans de nombreux pays d'Afrique et d'Asie a augmenté de 40 %. En Thaïlande, des gardes armés surveillent les rizières et en Mauritanie, le pourcentage de nourriture consommée et importée est de 70 %. La spéculation boursière s'est tournée aujourd'hui vers l'agriculture.

Performance énergétique

Le diagnostic de performance énergétique, issu de la directive européenne de 2003 sur la performance énergétique des bâtiments, est obligatoire pour tous les logements vendus ou loués. Il est réalisé par des professionnels. Une première étiquette signale le niveau de consommation d'énergie du logement (comme pour les équipements électroménagers). Une seconde étiquette permet de connaître l'impact de cette consommation sur l'effet de serre.

Pesticides

Les pesticides sont des produits chimiques que l'on met sur les cultures afin de les protéger des organismes nuisibles. On parle de produits phytosanitaires. L'impact environnemental des pesticides est important : contamination de l'air, pollution des nappes phréatiques*... Par ailleurs, on retrouve ces produits dans les aliments et l'eau que nous consommons.

Les pesticides sont soupçonnés d'être à l'origine de cancers, de problèmes nerveux, de crises d'asthme, voire de la maladie de Parkinson.

De nouvelles normes européennes en matière de pesticides dans les aliments sont entrées en vigueur le 1er septembre 2008. Les nouveaux seuils adoptés harmonisent en les relevant les normes européennes en matière de résidus chimiques dans les aliments. Ces nouvelles normes sont critiquées par des organisations non gouvernementales (ONG*) qui les jugent dangereuses pour la santé. Pour Greenpeace*, "plusieurs centaines de limites maximales en résidus deviennent désormais dangereuses pour les consommateurs".

La France est le deuxième utilisateur mondial de pesticides derrière les Etats-Unis (80 000 tonnes par an !).

Pétrole

Le pétrole est aujourd'hui à l'origine de la quasi-totalité des carburants liquides. Or, cette ressource fossile est présente en quantité limitée et il est nécessaire de s'interroger sur l'après pétrole, sachant par ailleurs que la demande va continuer d'augmenter. Cette demande mondiale s'est en effet accélérée sans que l'offre soit en mesure de suivre et les cours ont quadruplé entre 2002 et 2008. Par ailleurs, la demande mondiale devrait augmenter de 55 % entre 2005 et 2030.

Nous disposons de réserves pour au moins 50 ans et le pétrole sera dans l'avenir une véritable source de tensions internationales. Pour remplacer cette source d'énergie, il est nécessaire de diversifier les sources énergétiques : le solaire, le nucléaire, l'électricité… Le principal étant de tout faire afin de réduire notre consommation énergétique.

Permafrost

Appelé également pergélisol, le permafrost est le sous-sol gelé en permanence comme en Arctique* (la zone située au dessus dégèle en été). Avec le réchauffement climatique*, ce sous-sol est en train de disparaître. Cela aura notamment pour conséquence dans l'avenir de libérer à la fois de grandes quantités d'eau dans les océans et de dioxyde de carbone dans l'atmosphère.

Photovoltaïque

C'est un procédé qui permet, grâce à des cellules photovoltaïques généralement à base de silicium, de capter et de convertir les rayons du soleil en électricité. C'est une source d'énergie propre et renouvelable. On installe de plus en plus de panneaux photovoltaïques sur le toit des maisons. Cependant, le coût du Kwh d'origine voltaïque est très onéreux et il est nécessaire de bénéficier d'aides pour l'installation.

PIB

C'est une mesure qui permet de mesurer la richesse produite par un pays donné, et sur une année. Le **P**roduit **I**ntérieur **B**rut prend en compte toutes les activités réalisées, marchandes et non marchandes (administrations). L'environnement n'est pas intégré dans le calcul du PIB. Les États-Unis comptent pour le quart du PIB mondial. Le PIB de la Chine est à la troisième place mondiale derrière les Etats-Unis et le Japon.

Plastique

Le plastique n'est pas biodégradable, c'est-à-dire qu'il ne disparaît pas naturellement. Constitué à partir du pétrole et de produits chimiques, il est très présent dans notre vie courante : vêtements, électroménager, plomberie, équipements automobiles… 500 à 1000 milliards de sacs en plastique sont utilisés chaque année dans le monde. La commercialisation et la distribution de sacs ou emballages en plastique non biodégradables sont interdites sur le territoire français à compter du 1er janvier 2010.

Pluies acides

Les pluies acides ont principalement pour origine les gaz d'échappement provenant du trafic automobile et les fumées des usines. Ces gaz se dissolvent et retombent ensuite sur terre précipités par les pluies. Il s'ensuit notamment une détérioration de la végétation, une dégradation des pierres et monuments et une acidification des lacs. Les pluies acides entraînent des troubles pulmonaires chez les individus fragiles comme les enfants et les personnes âgées.

Pollution des océans

La mer est devenue aujourd'hui une véritable poubelle. Si la pollution due aux dégazages sauvages est dix fois supérieure à celle des marées noires, il existe néanmoins d'autres sources de pollution telles que les eaux usées domestiques et les rejets industriels.

On estime que 44 % des polluants retrouvés dans la mer sont de source terrestre. La pollution des océans est la cause du décès de nombreuses espèces.

Potentiel de réchauffement global

Le Potentiel de Réchauffement Global (PRG) est un indice unique utilisé pour calculer l'impact des différents gaz sur le réchauffement climatique. Il est de 1 pour le dioxyde de carbone qui sert de référence et de 21-23 pour le méthane. Cela a l'avantage de permettre de mesurer les différentes émissions produites.

Principe de précaution

Le principe de précaution permet, malgré une absence de certitudes scientifique, d'agir de manière préventive face à une situation donnée. Ce principe, qui concerne les risques non avérés, figure dans plusieurs conférences et traités internationaux (Conférence de Rio*, Traité de Maastricht…). Il est inscrit depuis 2005 dans la Charte de l'Environnement (article 5) qui est adossée à la Constitution Française.

Programme des Nations-Unies pour l'environnement

Le Programme des Nations-Unies pour l'Environnement (PNUE) a été créé en 1972 lors de la Conférence de Stockholm*. Le PNUE est la plus haute autorité environnementale au sein des Nations Unies. Son objectif est notamment de faciliter la mise en œuvre du développement durable dans le monde. Son siège social est en Afrique.

Protocole de Kyoto

Le Protocole de Kyoto (Japon) est un traité international signé en 1997 et entré en vigueur en 2005. Il a pour objectif de lutter contre le réchauffement climatique à travers la limitation des émissions de gaz à effet de serre*. Il prône la réduction des gaz à effet de serre* de 5 % par rapport à 1990 d'ici 2012.

Au titre de ce protocole, l'Union européenne s'est engagée à réduire ses émissions de gaz à effet de serre de 8 % d'ici 2012, les Etats-Unis de 7 %. Plus de 55 pays ont à ce jour ratifié ce protocole. Il n'a cependant pas été ratifié par les Etats-Unis.

Afin de permettre le respect des engagements de ce protocole, Trois mécanismes de flexibilité ont été mis en place :

- L'échange des droits d'émission qui permet de vendre ou d'acheter des droits à émettre,
- La mise en œuvre conjointe qui permet d'effectuer des investissements permettant de limiter l'émission de gaz à effet de serre* dans un autre pays industrialisé. Cet investissement permet d'obtenir des crédits d'émission,
- Le mécanisme de développement propre qui permet d'effectuer des investissements permettant de limiter l'émission de gaz à effet de serre* dans un pays en voie de développement. Cet investissement permet d'obtenir des crédits d'émission.

Protoxyde d'azote

Ce gaz (N2O), appelé aussi gaz hilarant, est un gaz à effet de serre. Il provient principalement de l'utilisation d'engrais azotés et de la gestion des déjections animales.

L'agriculture est le premier émetteur de protoxyde d'azote en France avec 70 % des rejets. L'inhalation de ce gaz présente des dangers car il attaque directement le système nerveux.

Radioactivité

La radioactivité (émission de radiations invisibles par des atomes) est naturellement présente dans notre environnement. Nous l'absorbons par inhalation et par exposition aux rayonnements cosmiques et telluriques. Des activités humaines augmentent cette exposition par utilisations militaires, industrielles et médicales. À forte dose, les radiations peuvent provoquer des leucémies, cancers, œdèmes cérébraux, infections et hémorragies en tous genres. Elles peuvent également altérer notre ADN.

Rainbow Warrior

Greenpeace* utilise des bateaux avec lesquels ses membres interviennent directement lors de campagnes de protestation. Un des bateaux, le « Rainbow Warrior », a été coulé en Nouvelle Zélande par les services secrets français en 1985 alors que celui-ci allait prendre la route vers l'atoll* de Mururoa afin de protester contre les essais nucléaires français. Lors de l'opération, un photographe a été tué.

Rapport Brundtland

C'est un rapport de la Commission mondiale sur l'environnement et le développement de l'ONU publié en 1987 et intitulé « Notre avenir à tous ». C'est ce rapport qui le premier a défini le terme de développement durable* (sustainable development*). La commission était présidée par Madame Gro Harlem Brundtland, alors premier ministre de Norvège, d'où le nom du rapport.

Réchauffement climatique

Il est évident que la Terre se réchauffe, et les conséquences sont aujourd'hui visibles : fonte des glaces, déchaînements climatiques extrêmes… Sur les cent dernières années, la température du globe a ainsi augmenté de 0,74° C. L'Europe est le continent où le réchauffement est le plus rapide.

Ce réchauffement est dû aux gaz à effet de serre* émis par l'homme, et notamment aux rejets de CO2*. Selon les prévisions, la température pourrait monter d'ici la fin du XXIe siècle de 1,4 °C à 5,8 °C !

Dans le monde, cela aura pour conséquence de provoquer le déplacement de centaines de millions de personnes. En Europe, le réchauffement provoquera de fortes pluies, des inondations au nord et davantage de sécheresse au sud. En Arctique*, la fonte du permafrost* libérera d'énormes quantités de gaz carbonique*.

Reste que le réchauffement climatique présente des avantages pour certains pays. Ainsi, le passage est aujourd'hui plus aisé dans les régions situées au nord du cercle polaire, entre la côte du continent Nord Américain et les grandes îles septentrionales. Cela aura pour conséquence d'ouvrir pour l'avenir un nouvel axe commercial. Sans parler des ressources pétrolières qu'on espère trouver dans la région.

Records

Chaleur

Le record de chaleur a été relevé dans la ville d'El Azizia, en Libye, le 13 septembre 1922 (58 C° à l'ombre). En France, c'est la ville de Toulouse qui détient le record de chaleur (44 °C à l'ombre le 8 août 1923).

Froid

Le record de froid a été relevé à Vostok, dans l'Antarctique, le 21 juillet 1983 (-89 °C). En France, c'est la ville de Mouthe, dans le Doubs qui détient le record de froid (-35 °C le 3 janvier 1971).

Forêt

La forêt la plus vaste du monde est la Taïga

Vent

L'Etat d'Oklahoma aux Etats-Unis est l'endroit où les vents sont les plus violents. Ils peuvent aller jusqu'à 486 km/h.

Recyclage

Le volume des déchets produits tendant à augmenter dans le monde, il a été choisi, dans la mesure du possible, de les valoriser au lieu de les brûler ou de les enterrer. Le recyclage permet de donner une seconde vie aux déchets, de les transformer afin de les réutiliser.

Exemples de produits recyclables : journaux, cartons, bouteilles, livres, boîtes de conserve, pots, cannettes, enveloppes, boîtes de céréales, papier, briques pour liquides alimentaires.

Exemples de produits non recyclables : couches, photographies, papier peint, ampoules électriques, porcelaine, céramique, vaisselle, bombes aérosol, piles, clous et vis.

Concernant les logos relatifs aux produits recyclables, il en existe principalement deux :

- Le "Point Vert" : il indique seulement que le fabricant a payé une taxe pour le recyclage du produit,
- L'anneau de Moëbius : il concerne les produits recyclables et les produits contenant des matériaux recyclés.

René Dumont

Premier candidat écologiste à une élection présidentielle en France (1974), René Dumont, l'homme au pullover rouge, a été un des premiers à sensibiliser la France à la protection de l'environnement. Grand voyageur, il était professeur à l'Institut National Agronomique. Il est mort en 2001 à l'âge de 97 ans.

Réserves naturelles

Les réserves naturelles sont des territoires exceptionnels protégés afin de préserver les espèces animales et végétales qui y résident.

Elles sont réparties en 6 catégories :

1. Réserves scientifiques,
2. Parcs nationaux,
3. Sites naturels exceptionnels,
4. Réserves naturelles,
5. Paysages terrestres ou marins,
6. Écosystèmes*gérés à des fins d'utilisation durable pour les populations locales.

Il existe en France 164 réserves naturelles.

RSE

L'Union européenne a publié en juillet 2001 un livre vert intitulé « promouvoir un cadre européen pour la R. S. E ». La **R**esponsabilité **S**ociale des **E**ntreprises est l'application aux entreprises du concept de développement durable. C'est « *L'intégration volontaire par les entreprises de préoccupations sociales et environnementales à leurs activités commerciales et leurs relations avec les parties prenantes* ». Les parties prenantes sont les clients, les salariés, les fournisseurs…

Santé

Chaque année, près de 20 millions de personnes meurent de maladies infectieuses et surtout dans les pays pauvres. Il est vrai que les maladies infectieuses touchent surtout les régions tropicales et subtropicales. II existe évidemment un vrai fossé entre ceux qui ont accès aux soins de santé et ceux qui en sont écartés. Les prix des médicaments sont en effet hors de portée pour les pays pauvres même si certains pays africains peuvent aujourd'hui produire directement des médicaments sans avoir à s'acquitter des droits de propriété.

Pour des raisons de non-rentabilité, les grands laboratoires ont aujourd'hui arrêté toutes les recherches sur ces maladies. De plus, il y a une vraie pénurie de personnel de santé, et c'est surtout dans les pays qui en ont le plus grand besoin, notamment en Afrique subsaharienne, que la pénurie est la plus importante.

En France, la Couverture Maladie Universelle de base (CMU), instaurée par une loi de 1998, permet l'accès à l'assurance-maladie pour toutes les personnes résidant en France. La couverture maladie universelle complémentaire (CMUC) permet d'avoir le droit à une protection complémentaire santé gratuite.

Science

La science est-elle une menace pour notre avenir ? Entre les OGM, le clonage et le nucléaire, il est clair que de nombreux sujets alimentent notre inquiétude. Vers quel progrès allons-nous et la science peut-elle accompagner notre espérance vers un mieux être dans un contexte où interviennent de nombreux intérêts économiques ? Face à cette peur de l'avenir, la science doit s'inscrire dans un contexte plus démocratique où le citoyen doit pouvoir donner son opinion. Par ailleurs, elle doit s'affranchir de toute démarche financière exacerbée.

Secourisme

Si 20 % des Français étaient formés, 10 000 vies seraient sauvées chaque année. Une formation aux premiers secours est indispensable car après un accident ou un sinistre, les toutes premières minutes sont décisives pour la ou les victimes. Le pourcentage actuel de Français formés aux premiers secours est aujourd'hui de 6 à 7 %.

Petite leçon de secourisme : en cas de fibrillation (contraction du cœur complètement désordonnée qui peut faire perdre la vie faute de circulation du sang dans le corps), il est nécessaire de procéder à une défibrillation. La défibrillation consiste à délivrer un choc électrique instantané de haute énergie pour faire repartir régulièrement le cœur.

Pour ce faire, il faut utiliser un DSA (Défibrillateur Semi-Automatique) ou un DEA (Défibrillateur Entièrement Automatique). Ce sont des appareils électroniques qui peuvent délivrer des chocs électriques. Ils sont de plus en plus installés dans les lieux publics.

Seveso

Nom de deux directives européennes relatives aux établissements contenant des substances dangereuses. Le nom Seveso provient d'une commune située en Italie. C'est là que, le 10 juillet 1976, une usine chimique a laissé échapper 5 kg de dioxine suite à l'explosion d'un réacteur. Il y a en France 1.250 établissements classés Seveso. Les établissements militaires ne sont pas concernés par les directives européennes.

SIDA

Depuis 1983, le SIDA a fait plus de 20 millions de victimes à travers le monde. Plus de 8 000 malades du sida décèdent chaque jour. On compte par ailleurs 40 millions de séropositifs dont 17 millions de femmes.

En Afrique, continent le plus touché, il y a 25 millions de séropositifs. Près de 15 millions d'enfants sont orphelins suite au décès d'un ou de leurs deux parents à cause du sida. Chaque année, on estime à près de 5 millions les nouvelles contaminations. Les taux d'infection augmentent dans de nombreux pays : la Chine, la Russie…

En France, on compte 150 000 personnes séropositives et de nombreuses personnes ne connaissent pas leur statut sérologique. Il y a 27 000 personnes qui vivent avec le sida. Les régions les plus touchées sont l'Ile de France, Provence-Alpes-Côte d'Azur, Guyane et Guadeloupe.

Société « durable »

C'est une société où tout le monde se sent concerné et se mobilise autour de la préservation de l'environnement et de la lutte contre les inégalités. Cette société exclue la recherche absolue de richesses car celle-ci est source d'inégalité, et donc d'insécurité. La démocratie y est omniprésente (liberté individuelle, liberté d'opinion et d'expression, élections libres, pluripartisme, tous les citoyens électeurs et système représentatif).

Solidarité Nord Sud

Agir pour une solidarité Nord Sud est une attitude humaine mais aussi économique, et c'est le prix à payer pour éviter que l'écart des niveaux de vie ne provoque une catastrophe. Cette solidarité se matérialise sous des formes diverses : militer au sein d'une association (Amnesty International, la Ligue des Droits de l'Homme, Collectif de l'Éthique sur l'Étiquette…), consommer des produits équitables, faire des placements financiers solidaires, faire des dons de livres, de vêtements… Reste que la solidarité internationale relève d'abord du politique.

Sommets de la Terre

Les sommets de la Terre sont des rencontres internationales qui ont lieu tous les 10 ans. L'objectif est notamment de faire le point sur l'état de la planète et d'améliorer la mise en œuvre du développement durable au niveau mondial. Ces sommets regroupent de nombreuses personnes (ONG*, entreprises, dirigeants…).

Le premier sommet de la Terre s'est déroulé en juin 1972 à Stockholm en Suède (Conférence de Stockholm*), le second à Rio (Conférence de Rio*) en 1992, le troisième à Johannesburg en septembre 2002 (Conférence de Johannesburg*). Le prochain sommet se déroulera en 2012.

Sport

Le sport peut être inscrit dans le développement durable. En France, le Comité National Olympique et Sportif Français (CNOSF) a publié en 2003 un document de référence : « L'Agenda 21 du Sport Français » en faveur du développement durable. Ce document regroupe 21 objectifs qui s'inscrivent dans les 3 piliers du développement durable : l'environnement, le social et l'économique.

Dans le cadre du développement durable, il est nécessaire d'aborder de façon différente les sports mécaniques. Certaines fédérations se sont engagées. C'est ainsi que par exemple la Fédération Française de Motocyclisme a publié un dépliant : « Je roule nature ».

Sport et santé

La pratique régulière et sans abus d'un sport permet de prévenir, voire de soigner, des pathologies telles que l'obésité, l'ostéoporose, le stress et l'hypertension. La sédentarité est en effet une cause majeure de maladies cardiovasculaires et de prise de poids. L'activité physique peut également participer au traitement de maladies telles que le diabète et l'infarctus du myocarde. Elle a un effet protecteur sur certains cancers.

Stratosphère

Dans l'atmosphère, la stratosphère est située au-dessus de la troposphère* et jusqu'à 50 km d'altitude. C'est dans la stratosphère que se situe la couche d'ozone qui absorbe les rayons ultraviolets du soleil.

Subprimes

Aux Etats-Unis, les subprimes, qui sont des crédits à risques, ont notamment permis aux Américains pauvres d'accéder facilement au crédit, et donc de s'endetter, afin de pouvoir accéder à la propriété. C'est un crédit immobilier basé sur un taux d'intérêt révisable et gagé sur le logement de celui qui emprunte.

L'augmentation des taux d'intérêt de l'emprunt fait que de nombreuses familles ne peuvent faire face aux échéances de remboursement de leur crédit immobilier. Elles sont donc expulsées et leur maison est mise aux enchères. C'est ainsi que 6,5 millions d'Américains pourraient perde leur maison dans les cinq ans qui viennent.

Cette crise a dégénéré en tempête financière et bancaire. Les sociétés de crédit, qui ont attribué les prêts, sont mises en difficulté avec à la clé de nombreuses faillites. Par effet boule-de-neige, les grandes banques mondiales qui ont investi en masse dans les subprimes, sont touchées à leur tour.

Suicide

Plus d'un million de personnes se donnent la mort chaque année dans le monde. Le suicide est la première cause de mortalité chez les personnes de 15 à 35 ans. À elle seule, la Chine compte près du quart des suicides mondiaux. Le taux de suicide des hommes est supérieur à celui des femmes.En France ce sont 12 000 personnes qui se suicident chaque année. Le suicide lié à la souffrance au travail est estimé en France à un chiffre situé entre 300 et 400 par an.

Surpêche

C'est lorsque la quantité de poissons capturés est supérieure à la capacité de l'espèce à se reproduire. Aujourd'hui, nous assistons au déclin de nombreux stocks de poissons (thon, cabillaud...) et la pêche industrielle en est le principal responsable. Cette situation menace l'avenir de tous ceux qui vivent grâce à la pêche. Et cela va continuer. La demande de poissons dans le monde sera en 2030 de 190 millions de tonnes par an (elle est actuellement de 90 millions de tonnes).

Face à la diminution des stocks, les pêcheurs s'intéressent de plus en plus à la certification de filières dites « durables ». Un seul label existe pour ce secteur : le MSC. Pour l'obtenir, les pêcheurs doivent notamment s'astreindre à ajuster leurs prises à la capacité de renouvellement des stocks.

Tabac

Le tabac est à l'origine d'une longue liste de cancers. Pour un individu qui consomme un paquet de cigarettes par jour le risque d'avoir un cancer des bronches est multiplié par 25. En France, le tabac est la cause de plus de 60 000 décès par an. Selon l'OMS*, 10 cigarettes par jour entraînent une diminution de la vie de 2 à 3 ans. Plus de 4000 substances ont été identifiées dans la fumée de tabac dont 50 sont cancérigènes !

Tchernobyl

L'accident de la centrale nucléaire de Tchernobyl (Ukraine) a eu lieu le 18 avril 1986. L'explosion du réacteur n° 4 de la centrale, due à une élévation anormale de la température, a relâché une quantité importante de radioactivité dans l'atmosphère.

Bilan : 5 millions de personnes contaminées, 4 000 cas de cancer de la thyroïde et de nombreux autres cancers, 25 000 morts chez les liquidateurs (ceux qui ont nettoyé et sécurisé le site). La ville de Viviat (43 000 habitants), située à 3 km de la centrale, a été évacuée 20 heures après l'accident. Ce que les habitants ont absorbé comme radioactivité a provoqué de nombreux cancers. Pour Greenpeace*, il y aura au total de 21 000 à 93 000 morts d'ici 2056.

En France, on constate depuis 20 ans une augmentation sensible de cas de cancers et notamment dans l'Est et la Corse.

Téléphone portable

La question de la nocivité du téléphone portable n'est aujourd'hui pas tranchée. D'après une étude suédoise, l'usage intensif du téléphone mobile favoriserait certaines tumeurs cérébrales. Une étude israélienne montre que le risque de développer une tumeur cancéreuse des glandes salivaires est plus élevé chez les utilisateurs intensifs de téléphone.

Du 22 au 24 février 2006, la Commission Internationale pour la Sécurité Électromagnétique (ICEMS) a organisé dans la ville de Benevento, Italie, une conférence internationale intitulée « Le principe de précaution en matière de champs électromagnétiques, législation et mise en pratique ».

Les scientifiques présents ont notamment reconnu que de nouvelles preuves se sont accumulées indiquant des effets néfastes résultant de l'exposition tant professionnelle que privée aux champs électriques, magnétiques et électromagnétiques.

Pour eux, il est maintenant évident qu'il existe un risque accru de tumeur cérébrale suite à une utilisation à long terme du téléphone mobile et qu'il fallait informer les populations sur les risques potentiels liés à l'utilisation des téléphones mobiles et des téléphones sans fil domestique. Ils proposent de concevoir des zones blanches (sans accès sans fil) dans les villes, les bâtiments publics (écoles, hôpitaux, zones résidentielles) et dans les transports publics.

Le 15 juin 2008, vingt scientifiques, dont la plupart sont des cancérologues réputés, ont signé un appel afin que des mesures de précaution soient prises pour limiter les risques du portable, notamment chez les jeunes. Le cerveau des enfants absorbe en effet davantage de rayonnements électromagnétiques que celui des adultes. Pour les signataires, on se trouve aujourd'hui dans la même situation qu'il y a cinquante ans pour l'amiante et le tabac.

Tourisme alternatif

Le tourisme tel que pratiqué actuellement porte atteinte à l'environnement (destruction de sites naturels, émissions de gaz à effet de serre* liées aux transports*). En réaction à ces excès, il se développe de plus en plus un autre tourisme dit « alternatif » plus respectueux de l'environnement et qui prend davantage en compte l'intérêt des populations locales (écotourisme*, tourisme solidaire*...).

Tourisme solidaire

Le tourisme solidaire est une forme de tourisme alternatif (comme l'écotourisme ou le tourisme équitable) qui place l'homme et le développement du territoire visité au centre du voyage. Ce type de tourisme repose notamment sur une information voire une formation avant le départ et une forte consommation des ressources locales durant le séjour.

Transgénique

Le mot transgénique est utilisé pour désigner les organismes dont le patrimoine génétique a été modifié par un gène étranger. Le nouvel organisme est un OGM*.

Transports

Notre société incite de plus en plus à la mobilité et les transports sont devenus aujourd'hui la première cause de pollution. Ils représentent à eux seuls un quart de la consommation d'énergie dans le monde. En France, les transports représentent 35 % de la consommation totale d'énergie. Quant à l'avion, il émet 19 fois plus de gaz à effet de serre* que le train. Un aller/retour Paris-New York émet ainsi 500 kg de CO2 par passager.

La voiture du futur roulera à l'hydrogène et la pile à combustible. C'est ce vers quoi tendent les constructeurs de véhicules. Certains ont déjà développé des prototypes mais le coût prohibitif et la complexité de fabrication empêche actuellement toute production en série. Par ailleurs, il n'y a pas d'hydrogène libre dans la nature et il faudra donc le fabriquer à grande échelle (nucléaire ?).

Tri sélectif des déchets

En matière de tri sélectif, trois couleurs de conteneurs ont été adoptés pour les déchets recyclables : vert pour le verre, bleu pour le papier et jaune pour les emballages plastiques. Chaque Français produit 360 kg de déchets par an dont 290 kg sont incinérés ou stockés. Il existe de nombreux déchets dangereux (étiquetés comme tels) et qui exigent un traitement spécifique : peintures, huiles, solvants… Reste que le problème le plus important concerne les déchets industriels et nucléaires.

Troposphère

C'est la couche la plus basse de l'atmosphère, située au-dessous de la stratosphère. Elle s'élève entre 7 km au-dessus des pôles et 18 km au-dessus de l'Équateur. C'est là que se produit l'ensemble des phénomènes météorologiques (pluies, vents…) car la vapeur d'eau y est très présente.

Trou dans la couche d'ozone

Il y a deux types d'ozone : l'ozone troposphérique, lié à la pollution urbaine, et l'ozone stratosphérique qui est situé dans la stratosphère et qui nous protège des rayons ultraviolets du soleil. C'est la couche d'ozone stratosphérique qui est « trouée ». La couche d'ozone stratosphérique est nécessaire à la vie sur terre car elle la protège des rayonnements ultraviolets du soleil. Or, cette couche protectrice s'amincit dangereusement à certaines périodes de l'année, d'où une moindre filtration des rayons ultraviolets et une augmentation des risques pour la vie sur terre.

Le Protocole de Montréal est un accord international signé en 1987 et dont l'objectif est d'éliminer les produits (CFC*…) qui font diminuer la couche d'ozone. Si ce protocole était appliqué dans sa totalité, le trou pourrait avoir disparu vers 2050.

UNICEF

L'UNICEF (United Nations Children's Fund) est une agence de l'ONU créée en 1946 et dont l'objectif est d'améliorer et de promouvoir la condition des enfants. Ses domaines d'actions actuels sont : la survie et le développement de l'enfant, la protection, l'éducation, le sida, les actions de plaidoyer en faveur des droits de l'enfant. L'UNICEF est présent dans près de 200 pays. Son siège est à New York.

Vents

Il existe différentes sortes de vents, et chacun avec ses propres spécificités : les alizés, les moussons, le foehn, le simoun, le chinook, le sirocco, le blizzard, la bise, l'harmattan, le mistral…

Pour exprimer la vitesse du vent, on utilise (surtout les marins) l'échelle de Beaufort. Il y a dans cette échelle 12 niveaux :

- Force 0 : Calme (moins de 1 km/h)
- Force 1 : Très légère brise (de 1 à 5 km/h)
- Force 2 : Légère brise (de 6 à 11 km/h)
- Force 3 : Petite brise (de 12 à 19 km/h)
- Force 4 : Jolie brise (de 20 à 28 km/h)
- Force 5 : Bonne brise (de 29 à 38 km/h)
- Force 6 : Vent frais (de 39 à 49 km/h)
- Force 7 : Grand frais (de 50 à 61 km/h)

- Force 8 : Coup de vent (de 62 à 74 km/h)
- Force 9 : Fort coup de vent (de 75 à 88 km/h)
- Force 10 : Tempête (de 89 à 102 km/h)
- Force 11 : Violente tempête (de 103 à 117 km/h)
- Force 12 : Ouragan (de 118 km/h et plus)

Volcans

Toutes les grandes éruptions volcaniques ont des conséquences importantes sur le climat. Les volcans en éruption émettent de fortes quantités de dioxyde de soufre*. Ainsi, le 7 novembre 1991, l'éruption du Pinatubo aux Philippines a provoqué l'émission de 20 millions de tonnes de dioxyde de soufre dans l'atmosphère. Cela a eu des répercussions sur l'ensoleillement et la température de la planète.

WWF

Le **W**orld **W**ide **F**und for Nature est une organisation mondiale de protection de la nature. Cette association, qui a son siège social en Suisse, compte près de 5 millions de membres et est opérationnelle dans 96 pays. Elle est structurée par thèmes (missions) : changement climatique, pollution chimique, modes de vie durables, outre mer, espèces menacées, forêts, eaux douces, océans et côtes, Son logo est un panda géant.

Yann Arthus-Bertrand

C'est un journaliste photographe qui s'est investi dans la protection de la nature. Avant cet engagement, il a été successivement acteur de cinéma, dirigeant d'une réserve animalière, photographe de lions en Afrique et chef d'entreprise. Il est l'auteur de l'ouvrage « 365 jours pour la Terre » et de la série documentaire « Vue du ciel », en partenariat avec l'UNESCO.

Zones humides

Les zones humides (marécages, marais, tourbières, mangroves…) couvrent 6 % de la surface émergée de la Terre. Elles existent là où la nappe phréatique arrive près de la surface. Les zones humides ont des fonctions écologiques comme par exemple celle de préserver la biodiversité présente.

En France, la loi sur l'eau de 1992 définie une zone humide comme « *Les terrains, exploités ou non, habituellement inondés ou gorgés d'eau douce, salée ou saumâtre de façon permanente ou temporaire ; la végétation, quand elle existe, y est dominée par des plantes hygrophiles pendant au moins une partie de l'année* ».

Zones mortes

Les zones mortes prennent de plus en plus d'importance dans les mers et océans. Il s'agit d'endroits où il n'y a pratiquement plus d'oxygène à cause des fertilisants agricoles et des déchets organiques qui y ont été déversés. Les poissons et crustacés ne peuvent y survivre.

Index

www.ingramcontent.com/pod-product-compliance
Lightning Source LLC
Chambersburg PA
CBHW070650041126
54327CB00009B/438
* 9 7 8 2 7 4 8 3 4 7 0 9 8 *